紫瑞木韵

rosewood

紫瑞木韵

红木家具鉴赏

邹志勇◎著

红木家具鉴赏

红木家具选购

红木家具介绍

红木木材介绍

U0283077

中国书籍出版社
China Book Press

紫瑞木韵生产基地

　　紫瑞木韵红木家具坊成立于2003年，是一家专门从事明、清古典红木家具的集设计、生产、销售、服务于一体的大型综合性企业，总部位于素有"孔雀之乡"的云南省瑞丽市，并在北京、上海、青岛、深圳等地红木家具市场设有品牌运营中心。

　　紫瑞木韵红木家具公司规模宏大，实力雄厚，厂房占地70亩，现有资深匠人300名，具有专业的产品设计团队和专业的销售人员团队。主要出品客厅、餐厅、卧房、书房、休闲、其他等六大精品系列的明、清风格古典红木家具，款式百余种，材质以缅甸红酸枝、缅甸花梨木、乌木、鸡翅木、小叶紫檀、榧木等为主。公司秉承"真材实料"的理念，红木家具采用传统的榫卯结构，不上漆，不染色，充分体现纯木材本色。紫瑞木韵红木家具品种齐全，用料考究，工艺严谨，精雕细琢，极具珍藏价值和保值增值潜力。

红木木材

红木木材加工车间

红木板材

红木家具制作车间

红木家具制作车间

红木家具制作安装车间

红木家具制作雕刻车间

红木家具制作雕刻车间

红木家具制作打磨车间

红木家具制作检测车间

红木家具存放库

红木家具存放库

红木家具存放库

红木家具存放库

红木家具存放库

第四章　红木家具的鉴赏

第一章
红木木材介绍

红木的概念

　　红木是我国高端、名贵家具用材的统称，也是江浙及北方流行的名称，广东一带俗称"酸枝木"。红木为热带地区所产，豆科，紫檀属（pterocaipus）木材。最初是指红色的硬木，品种较多，二十世纪八十年代后，人们对红木的需求日益增加，行业亟待规范，国家根据密度把红木规范为：二科、五属、八类、三十三种。红木因生长缓慢、材质坚硬、生长期在几百年以上，原产于我国南部的很多红木，早在明、清时期就被砍伐的所剩无几，如今的红木大多产于东南亚、非洲，主要产于印度，我国广东、云南有培育栽培和引种栽培，是常见的名贵硬木。木材心边材区别明显，边材窄，灰白色；心材淡黄红色至赤色，曝露于空气中时久变为紫红色。当然，黄花梨、缅甸花梨、鸡翅木等木材的颜色不会呈红色。木材花纹美观，材质坚硬、耐久，为贵重家具及工艺美术品等用材。

红木的分类

　　根据国家标准，红木的范围分为二科、五属、八类、三十三种。二科：豆科、柿树科。五属：是以树木学的属来命名的，即紫檀属 Pterocarpus、黄檀属 Dalbergia、柿属 Diospyros、崖豆属 Millettia、铁刀木属 Cassia。八类：是以木材的商品名来命名的，即紫檀木类、花梨木类、香枝木类、黑酸枝木类、红酸枝木类、乌木类、条纹乌木类和鸡翅木类。红木是指这五属八类木料的心材，心材是指树木的中心、无生活细胞的部分。除此之外的木材制作的家具都不能称为红木家具。

一、紫檀木类

　　檀香紫檀（紫檀、小叶紫檀）：主要产于印度南部，紫檀（红花梨）：主要产于安哥拉、非洲中部。

二、花梨木类

1. 越柬紫檀：主要产于越南、柬埔寨、泰国。

2. 安达曼紫檀：主要产于印度安达曼群岛。

3. 刺猬紫檀：主要产于热带非洲。

紫檀木

4. 印度紫檀：主要产于印度、缅甸、菲律宾、巴布亚新几内亚、马来西亚、印度尼西亚，中国的广东、广西、海南及云南有引种栽培。

5. 大果紫檀（缅甸花梨木）：主要产于缅甸、泰国、老挝。

6. 囊状紫檀：主要产于印度。

7. 鸟足紫檀：主要产于东南亚中南半岛。

三、香枝木类

降香黄檀（越南黄花梨、海南黄花梨）：主要产于中国海南、越南。

香枝木

四、黑酸枝木类

1. 刀状黑黄檀（黑酸枝）：主要产于缅甸、印度。

2. 黑黄檀：主要产于东南亚及中国云南。

3. 阔叶黄檀：主要产于印度、印度尼西亚的爪哇。

4. 卢氏黑黄檀（大叶紫檀）：主要产于马达加斯加。

5. 东非黑黄檀：主要产于非洲东部。

6. 巴西黑黄檀：主要产于巴西。

7. 亚马孙黄檀：主要产于巴西。

8. 伯利兹黄檀：主要产于伯利兹。

黑酸枝

五、红酸枝木类

1. 巴里黄檀（红酸枝）：主要产于老挝等热带亚洲国家。

2. 赛州黄檀（巴西黄檀）：主要产于巴西。

3. 交趾黄檀：主要产于越南、泰国、柬埔寨。

4. 绒毛黄檀：主要产于巴西。

5. 中美洲黄檀：主要产于墨西哥等中美洲国家。

6. 奥氏黄檀（白酸枝）：主要产于缅甸、泰国、老挝。

7. 微凹黄檀：主要产于中美洲。

红酸枝

六、鸡翅木类

1. 非洲崖豆木：主要产于非洲刚果盆地。

2. 白花崖豆木：主要产于缅甸、泰国。

3. 铁刀木（黄鸡翅木）：主要产于东南亚，中国云南、广东普遍有引种栽培。

鸡翅木

七、乌木类

1. 乌木：主要产于斯里兰卡及印度南部。

2. 厚瓣乌木：主要产于热带西非。

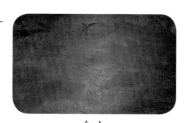

乌木

3. 毛药乌木：主要产于菲律宾。

4. 蓬赛乌木：主要产于菲律宾。

八、条纹乌木类

1. 苏拉威西乌木：主要产于印度尼西亚苏拉威西岛。

2. 菲律宾乌木：主要产于菲律宾。

条纹乌木

红木的识别

　　红木并不是树木分类学上一种树种的名称，而是当前国内家具市场约定俗成的一类特定树种商品材集合名称。为规范红木名称，国家质量技术监督局于 2000 年 5 月 19 日发布了红木标准，提出了可以称为红木的 33 个树种，分别归于紫檀木、花梨木、香枝木、黑酸枝木、红酸枝木、乌木、条纹乌木和鸡翅木 8 类，隶属于紫檀属、黄檀属、柿属、崖豆属及铁刀木属 5 个属。其中，主要是紫檀属和黄檀属，并且绝大多数是从东南亚、热带非洲和拉丁美洲进口。红木的识别与区分，主要是以简便实用的宏观特征（如密度、结构、材色和纹理）为依据，辅以必要的木材解剖特征来确定其属种。

　　红木的基本特征：木材黄褐色至紫红色，结构细，密度大（一般大于 $0.75g/cm^3$）。各类红木的必备特征如下：

一、按国家标准分类

1. 紫檀木类

（1）紫檀属树种。

（2）木材结构甚细至细，平均管孔弦向直径不大于 160μm。

（3）木材含水率 12% 时气干密度大于 1.0 g/cm³。

（4）木材心材，材色为红紫色，久则转为黑紫色。

2. 花梨木类

（1）紫檀属树种。

（2）木材结构甚细至细，平均管孔弦向直径不大于 200μm。

（3）木材含水率 12% 时气干密度大于 0.76 g/cm³。

（4）木材心材，材色为红褐到紫红色，常带深色条纹。

3. 香枝木类

（1）紫檀属树种。

（2）木材结构甚细至细，平均管孔弦向直径不大于 120μm。

（3）木材含水率 12% 时气干密度大于 0.80 g/cm³。

（4）木材心材，辛辣香气浓郁，材色为红褐色。

4. 黑酸枝木类

（1）黄檀属树种。

（2）木材结构甚细至细，平均管孔弦向直径不大于 200μm。

（3）木材含水率 12%时气干密度大于 0.85 g/cm³。

（4）木材心材，材色为栗褐色，常带黑条纹。

5. 红酸枝木类

（1）黄檀属树种。

（2）木材结构甚细至细，平均管孔弦向直径不大于 200μm。

（3）木材含水率 12%时气干密度大干 0.85 g/cm³。

（4）木材心材，材色为红褐色至紫红色。

6. 乌木类

（1）柿属树种。

（2）木材结构甚细至细，平均管孔弦向直径不大于 150μm。

（3）木材含水率 12%时气干密度大于 0.90 g/cm³。

（4）木材心材，材色为乌黑色。

7. 条纹乌木类

（1）柿属树种。

（2）木材结构甚细至细，平均管孔弦向直径不大于 150μm。

（3）木材含水率 12%时气干密度大于 0.90 g/cm³。

（4）木材心材，材色为黑或栗褐色，间有浅色条纹。

8. 鸡翅木类

（1）崖豆属和铁刀木属树种。

（2）木材结构甚细至细，平均管孔弦向直径不大于 200μm。

（3）木材含水率 12%时气干密度大于 0.80 g/cm³。

（4）木材心材，材色为黑褐或栗褐色，弦面上有鸡翅花纹。

二、按材料学红木分类

所谓红木，从一开始，就不是某一特定树种的家具木材，而是明、清以来对稀有硬木优质家具的统称。

黄花梨：为我国特有珍稀树种。木材有光泽，具辛辣滋味；纹理斜而交错，结构细而匀，耐腐；耐久性强，材质硬重，强度高。

紫檀：产于亚热带地区，如印度等东南亚地区。我国云南、两广等地有少量出产。木材

有光泽，具有香气，久露空气后变紫红褐色，纹理交错，结构致密，耐腐耐久性强，材质硬重细腻。

花梨木：分布于全球热带地区，主要产地为东南亚及南美、非洲。我国海南、云南及两广地区有引种栽培。材色较均匀，由浅黄至暗红褐色，可见深色条纹，有光泽，具轻微或显著轻香气，纹理交错，结构细而匀（南美、非洲略粗），耐磨耐久强，硬重强度高，通常浮于水。东南亚产的花梨木中泰国最优，缅甸次之。

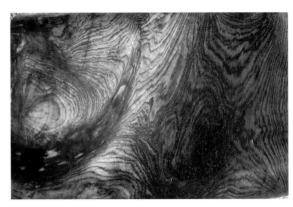

酸枝木：分布于热带、亚热带地区，主要产地为东南亚国家。木材材色不均匀，心材橙色、浅红褐色至黑褐色，深色条纹明显。木材有光泽，具酸味或酸香味，纹理斜而交错，密度高，含油腻，坚硬耐磨。

鸡翅木：分布于全球亚热带地区，主要产地东南亚和南美，因为有类似"鸡翅"的纹理而得名。纹理交错、不清晰，颜色突兀，木材本无香气，生长年轮不明显。

三、按新老红木分类

在媒体上时常会看到不法厂商用新红木充当老红木蒙骗消费者的报道，很多消费者都会发问：红木就是红木，还有什么新老之说？其实，红木不仅有新老之分，而且新老红木价值相差悬殊，在使用中也会发现品质差距相当大。那么，什么是老红木？新老红木有哪些差别？

"红木"一开始与某一树种没有多大关系，只是明、清以来对在一定时期内出现的呈红色的优质硬木的统称，用材包括花梨木、酸枝木、紫檀木，它们不同程度呈现黄红色或紫红色。人们无意去辨别它们是什么树种时，便以一种约定俗成的习惯称呼它们为红木。赵氏《古玩指南》一书中则强调红木为专门的树种，书中二十九章曰："唯世俗所谓红木者，乃系木之一种专名词，非指红色木言也"即可证明，书中的木之一种指的就是老红木。老红木产于中南半岛，我国云南一带也有生长，其叶长、呈椭圆形，白花，花呈五瓣形，色红。书中评价老红木曰："木质之佳，除紫檀外，当以红木为最。"

老红木与红酸枝也不能混为一谈。红酸枝泛指一大类木材，其包括交趾黄檀、奥氏黄檀和巴里黄檀等十几种木材。老红木只是红酸枝木类的一种，即交趾黄檀。虽然同归为黄檀属类，但老红木色泽紫红、清晰，富于变化的纹理和细密的结构是同类红酸枝木无法与之比较的。

用老红木制作家具的后道工序采用紫檀一样的做法——擦蜡，千万不能使用普通红酸枝类木材的做法——用漆。因为老红木饱含蜡质，只需打磨擦蜡，即可平整润滑、光泽耐久，给人一种醇厚的含蓄美。如果采用现代的擦漆工艺，则恰恰掩盖了其木质的优良本性。且老

红木用漆来处理，容易给一些厂家将其他红酸枝类木材掺杂其中，为其浑水摸鱼提供便利。

正因为老红木的许多性能，如富含蜡质、紫红色泽，近似于紫檀，因此，老红木和黄花梨、紫檀并列为明、清时期宫廷的三种专用木材。

老红木，顾名思义，就是经历时间很长的红木，《国标》中称为酸枝，主要产于老挝、泰国等东南亚国家。我国在清末民初之前，广西、云南等省也有出产，但民国以后已完全绝迹了。其木质坚硬、细腻，可沉于水，一般要生长500年以上才能使用，它区别于其他木材的最明显之处在于其木纹在深红色中常常夹有深褐色或者黑色条纹，给人以古色古香的感觉。

老红木不仅生长时间长，而且在砍伐后又经过了上百年的岁月洗涤。现在我们所说的老红木一般指清代中期从南洋进口的红木。老红木材幅较宽大、棕眼细长，比重介于紫檀和黄花梨之间。

在色彩上，老红木颜色较深，大多呈紫红色，有的色彩近似紫檀，只是颜色较浅一些，纹理细腻，棕眼明显少于新酸枝木，密度、手感极佳。新红木一般颜色黄赤，木纹、色彩较之老红木有一种"嫩"的感觉，质地、手感均不如老红木。

之所以有如此大的差别，是因为木材的生命并不是被砍伐而终止，其内部细微结构无时无刻不在发生着变化，只是人们很难察觉而已。随着时光的推移，红木内部结构越来越紧密，硬度和比重越来越高，入水即沉，而且抗变形能力也愈强。

新红木一般采用烘烤等方式令其达到使用要求，但人为的技术性的处理并不能动摇材料的内部结构，在长期的使用过程中，往往会产生细微的形变，从而影响收藏价值和品质。

近些年来，有所谓巴西红木、泰国红木、缅甸红木、老挝花梨、越南花梨等。由于红木家具的用材有许多种不同的名称和类别，因此，一般谓之红木的家具在用材上体现的品质和价值也有着很大的差异和区别。故而，无论是对以前流传下来的红木家具作鉴赏或收藏，还是对现代红木家具进行选购，均需首先正确识别家具采用的是什么材质的红木。

1.酸枝（老红木），即孙枝，又名紫榆。酸枝是清代红木家具主要的原料。用酸枝制作的红木家具，即使几百年后，只要稍加揩漆润泽，依旧焕然若新。可见酸枝木质之优良，早为世人瞩目。酸枝是热带常绿大乔木，产地主要有印度、越南、泰国、老挝、缅甸等东南亚国家，原先在我国福建、广东、云南等地也有出产。酸枝木色有深红色和浅红色两种，一般来说，有油脂的质量上乘，结构细密，性坚质重，可沉于水。特别明显之处是在深红色中还常常夹有深褐色或黑色的条纹，纹理既清晰又富有变化。酸枝家具经打磨揩漆，平整润滑，光泽耐久，给人一种醇厚含蓄的美。酸枝，北方称红木，江浙地区称老红木，故酸枝家具除广东地区外几乎都称红木家具或老红木家具。清代的红木家具很多是酸枝家具，即老红木家具。尤其是清代中期，不仅数量多，而且木材质量比较好，制造工艺也多精美。在现代人的观念中，它是真正的红木家具。

2. 花梨木。花梨又称花榈，史籍记载至少可分两种，一种是明中叶王佐《新增格古要论》中所讲的出南番、广东，紫红色，与降真香相似，亦有香，其花有鬼面者的花梨木，即《琼州府志》物产木类中所称的花梨木，红紫色，与降真香相似，有微香的花梨，也就是被今人叫做黄花梨的花梨木，还曾有过海南檀等名称。这显然已不在红木的观念范围。据多方面材料介绍，黄花梨主要产于我国的海南岛和南海诸地，数量并不很多，是明式家具最主要的用材之一。另外一种则是北方称为老花梨，实则是新花梨的花梨木，这种花梨木在我国台湾地区被称红木。它是一种高干乔木，高可达 30 米以上，直径也可达 1 米左右，在热带和亚热带地区如泰国、缅甸和南洋群岛等地均有出产。过去在我国海南和广东、广西地区也有相当数量的花梨木。这种花梨木在《博物要览》中记载说叶如梨而无实，木色红紫，而肌理细腻，可做器具，如桌、椅、文房诸器。陈氏《分类学》中也说花梨木为红豆树属，高可达一丈八尺至三丈，浙江及福建、广东、云南均有之。闽省泉、漳尤多野生……木材坚重美丽，为上等家具用材。清代不少红木家具实质是由这些花梨木制造的。现代从海外进口的花梨木大多也是这类品种，已成为红木家具最主要的用材。但据明代黄省曾《西洋朝贡典录》中的记载，早就认为花梨木有两种：一为花榈木，乔木，产于我国南方各地；一为海南檀，落叶乔木，产于南海诸地，二者均可作高级家具。南檀即黄花梨，故明代除黄花梨家具以外，应当也早有明代花梨木家具，即今天我们所称的红木家具。在这里，我们不能不提出这样一个问题：明代若上述两种花梨木和花梨木家具，为什么除黄花梨家具以外，几乎未见有花梨木家具的介绍？清代除红木家具以外，也极少专门介绍花梨木家具。如果说是因为混淆了用材品种的识别，花梨木家具在明代已确有生产，又有遗物传世的话，那么，今天我们对红木家具这一文化现象的认识过程，将会具有更深刻的意义。

3. 香红木（新红木）。花梨木的一种，北方称新红木。色泽比一般花梨木红，但较酸枝浅，重量也不如酸枝，不沉水。纹理粗直，少髓线，木质纯，观感好。二十世纪六十年代大批进口，当时常用来制作出口家具。

4. 红豆木（红木）。红豆木系豆科，古时也称相思树，王维有诗曰："红豆生南国，春来发几枝。愿君多采撷，此物最相思。"古

时，红豆木主要生长于中国广西、江苏和中部地区，木材坚重，呈红色，花纹自然美丽。豆木家具见于清朝雍正年间所制家具的有关档案材料，有紫檀木牙红豆木案两张，红豆木转木桌、红豆木条桌、红豆木袖床各一张，红豆木矮宝座两张。朱家先生注明红豆木即红木。他说："1982年我在浙东地区进行明清家具考察，

发现过一件小书桌，似红木，但物主却告诉说小桌系祖传，是用红豆木做的。可见在民间流传的红木家具中，还有红豆木制"。

5. 巴西红木。巴西红木因产于巴西，材色又为红色或红紫色而得名。我国用它来制造家具只是在20世纪70年代以后。巴西红木的品种较多，其中有巴西一号木，深色心材，结构均与花梨木相同，且比花梨木略硬，但性燥易裂，尚浮于水；巴西三号木，结构细密，心材为紫色，材重质硬，强度大，能沉于水；三号木与老红木有时相似，但做成家具后，容易变形开裂。

6. 其他品种的红木。近年来，根据产地不同，有泰国红木、缅甸红木、老挝红木等各种新的名称。泰国红木，其实就是香红木或花梨木；缅甸红木简称缅甸红，广东地区称缅甸花梨；老挝红木，广东地区称老挝花梨。这些品种多以产地命名，尤其是后者，常常树种混杂，质地差别很大，其最明显的特征是色泽呈灰黄和浅灰白色，质地松，重量轻，其中有些已无法与红木相提并论，也说不上属优质硬木，更不能归属于贵重木材。自古以来，有关木质材料优劣的判断和识别，惯以木材的大小和曲直、木质的硬度和重量、木色的品相和纹理、木性的坚韧和细密、纤维的粗细或松紧以及是否防腐、防蛀、有烈香味等为标准，因此，人们在长期的实践中，对各种木材已有相当的认识和了解，古籍中关于红木的经典，现代著述的科学介绍，都为我们识别家具用材提供了许多宝贵的依据。我们在鉴别红木家具的木材时，可以运用各方面的知识和经验。酸枝与花梨木是传统红木家具的两大主要用材，它们好似制造红木家具的一对孪生姐妹。许多纹理交织、条纹清晰美丽的花梨木，虽与黄花梨有差别，但构造与酸枝十分相近，若对两者作更深入比较的话，可进一步从木质肌理的变化中加以判别。一般来说，酸枝肌理的变化清而显，花梨木肌理的变化稍文且平。肌理是物质通过视觉或触觉等使人产生的一种审美感受，它常常可以帮助人们确切地了解物体的本质属性。因此，从木材材质的肌理中去获得某些特殊的质感，往往可以更直接地认识和区别它们的差异。

红木的特征

我们通常说的红木是人们对家具用材的俗称，但按照国际GB/T18107—2000标准的分类，可以确定为紫檀木、花梨木、香枝木（黄花梨）、黑酸枝木、红酸枝木、乌木、条纹乌木和鸡翅木8个种类，从木材颜色识别，各特征如下。

1. 紫檀木，俗称小叶檀。紫檀是红木中的极品，木材为散孔材，其心材新切面为橘红色，久则转为紫红或近黑色；结构甚细至细，木质坚硬，手感沉重，沉于水；年轮成纹丝状，波痕可见或不明显；纹理纤细，有不规则蟹爪纹；香气无或很微弱。紫檀木又分老紫檀木和新紫檀木：老紫檀木呈紫黑色，浸水不掉色；新紫檀木呈褐红色、暗红色或深紫色，浸水会掉色。

2. 花梨木，俗称紫檀属花梨，又称香红木。花梨木木材散孔至半环孔材；心材红褐至紫红色，常带黑色条纹，纹理呈雨线状；其木质坚硬，重量较轻，多数能浮于水中；形似木筋，结构甚细至细，色泽柔和，波痕可见或不明显；有香气或很微弱；木刨花水浸出液有荧光现象。紫檀属的树种。

3. 香枝木，俗称黄花梨。香枝木木材散孔至半环孔材，心材红褐或紫红褐色，常带黑色深浅相间条纹；香气浓郁，木材结构甚细至细；重至甚重；波痕可见。黄檀属的树种。

4. 黑酸枝木。黑酸枝木木材散孔材，心材黑栗褐色，常带黑色条纹；木材结构甚细至细；生材锯解时或干材水湿后微具酸气，重至甚重，绝大多数沉于水；波痕可见或不明显；有酸香气或很微弱。黄檀属的树种。

5. 红酸枝木。红酸枝木木材散孔材；心材主为红褐或紫红褐色；木材结构甚细至细；重至甚重，绝大多数沉于水；纹理交错在径切面上常形成带状花纹；生材锯解时或干材水湿后微具酸气。黄檀属的树种。

6. 乌木。乌木心材全部乌黑色；木材结构甚细至细；甚重，沉于水；波痕未见；香气无。柿属的树种。

7. 条纹乌木。条纹乌木木材散孔材，心材材色为黑或栗褐色，间有浅色条纹；轴向薄壁组织主为同心层式离管细线，疏环管数少；木材结构甚细至细；质甚重，绝大多数沉于水；波痕未见；香气无。柿属的树种。

8. 鸡翅木。鸡翅木木材特征为散孔材，心材黑褐或栗褐色；木质坚硬，颜色分为黑、白、紫3种，在弦切面上呈鸡翅状花纹，色彩艳丽明快；木材结构甚细至细；重至甚重；波痕未见；香气无。崖豆属和铁刀属的树种。

风靡红木界的十大木材

1. 黄花梨

黄花梨属于豆科、黄檀属，产于中国海南岛，学名降香黄檀，又称海南黄檀木、海南黄花梨木，其木材的名贵程度高于紫檀木。木性稳定，纹理清晰，木纹中常见的有很多木疖，这些木疖亦很平整不开裂，呈现出狐狸头、老人头及毛发等纹理，即为人们常说的"鬼脸儿"，但并不是所有的海南黄花梨木材都有鬼脸。黄花梨木质坚硬，手感温润，不会有粗涩的感觉，有如萤火虫般的磷光、木屑经浸泡后水是绿色的。

2. 小叶紫檀

小叶紫檀属于豆科、紫檀属，产于印度南部迈索尔邦，学名"檀香紫檀"，俗称"紫檀"、"金星金丝紫檀"、"牛毛纹紫檀"，是世界上最名贵的木材之一。生长期极其缓慢，每100年长粗3厘米，八九百年乃至上千年才能长成材。最大的紫檀木直径仅为二十公分左右，且树多空心，在民间素有"十檀九空，百年寸檀"的说法。

3. 卢氏黑黄檀

卢氏黑黄檀属于豆科、黄檀属，俗称"大叶紫檀"，原产地为非洲马达加斯加。纹理粗，有酸味，弦切面红褐色相间，管孔形成的牛毛纹较长且不弯曲，显得木材比紫檀木粗糙。大叶檀与小叶檀相比，纹理较粗，颜色紫褐色，褐纹较宽，打磨后有明显脉管纹棕眼。与小叶檀有着很多相似之处，并且也是一种极为稀少的木材。

4. 交趾黄檀

交趾黄檀属于豆科、黄檀属，主要产于老挝、柬埔寨，俗称"老挝红酸枝"、"老红木"、"大红酸枝"。木材呈深红色，大红酸枝一般带酸醋味，特别是新剖面。不如紫檀温润如玉，但也十分细腻，棕眼细长，由于大红酸枝密度大，有的比紫檀还重。红酸枝会散发出独特的酸香气，油性较大，曝露在空气中几年的话则会变黑。

5. 巴里黄檀

巴里黄檀属于豆科、黄檀属，主要产于老挝、柬埔寨，俗称"紫酸枝"、"花枝木"、"老挝酸枝"。边材与心材区别极明显，边材呈灰白至灰褐色，心材显现红褐色至栗褐色，深色条纹分布均匀细密，比较连续，边缘清晰。新切面微有酸香气，久则无特殊滋味。区分于交趾黄檀"老红木"，巴里黄檀与奥氏黄檀被称为"新红木"，条纹分布较均匀。

6. 大果紫檀

大果紫檀属于豆科、紫檀属，主要产于缅甸、泰国和老挝，俗称"草花梨"、"缅甸花梨"。心材一般呈橘红、砖红、紫红色、黄色或浅黄色，常有深色条纹，有浓郁的果香味，新切面香气更加明显。木纹清晰，结构细匀，某些部位有明显的虎皮纹，经水浸泡后，浸出液呈现明显的蓝色荧光。

7. 东非黑黄檀

东非黑黄檀属于豆科、黄檀属，俗称"黑檀"、"紫光檀"、"犀牛角紫檀"、"黑酸枝"，主要产于非洲东部的坦桑尼亚、塞内加尔、莫桑比克。原木外形难看，扭曲而多中空，加工也比较困难，出材率低。切面滑润，油质厚重。棕眼稀少，肌理紧密。边材窄，呈白色至淡黄色，心材呈深紫褐色，伴有黑色条纹，纹理均匀细密，大多为直纹。在白纸上一划，便可留下紫色痕迹，在酒精中浸泡有紫色色素溶出。

8. 黄金檀

黄金檀，属于榄仁树属，别名"田黄木"，俗称"金榄仁"、"黄檀木"，主要产于非洲马达加斯加。呈金黄色至浅红褐色，质地坚硬，木质细腻、纹理色差小。光泽度高金线随光线晃动，有猫眼荧光的效果。

9. 金丝楠

金丝楠木非红木，属于樟科，润楠属，俗称"紫金楠"、"金心楠"、"楠木"、"枇杷木"、"小叶嫩蒲柴"，主要产于我国四川。金丝楠木是我国特有的珍贵木材，自古以来金丝楠木就是皇家专用木材。金丝楠的木纹里有金丝，是楠木中最好的一种，木性稳定，不翘不裂，经久耐用。有股楠木香气，抗腐抗菌，制作家具可以防止白蚁的侵蚀。

一般为黄中带浅绿，有些呈黄红褐色。木材表面在阳光下金光闪闪，金丝浮现，有一种至尊至贵的高雅气息。

10. 红檀

红檀非红木，别名"铁木豆"，主要产于非洲，俗称"非洲小叶紫檀"、"红铁木豆"。木材呈橘红色，久置变色为血红色，终至浑厚的紫红色，结构细密，花纹美丽，很多特点都类似于红酸枝，纹理呈斑马纹、火焰纹以及红色羽翅纹。木屑浸出液为红色，可做染料。

第二章
红木家具介绍

红木家具概述

红木家具始于明代，郑和七次下西洋，每次回国用红木压船舱。木工匠把带回的木质坚硬、细腻、纹理好的红木做成家具、工艺品及园林建筑，供皇宫帝后们享用。红木家具具有外观形体简朴对称、天然材色、纹理宜人等特点。在制作过程中主要采用中国家具制造的雕刻、榫卯、镶嵌、曲线等传统工艺。德国学者 G·Ecke 在《中国花梨木家具图考》中总结加工红木家具的三条基本法则是：非绝对必要不用木销钉；在能避免处尽可能不用胶粘；任何地方都不用镟制，即不用任何铁钉和胶粘剂。所以，红木家具的造型和工艺中明显的民族性是对许多收藏者最有吸引力的部分，很多人称红木家具为人文家具、艺术家具。

按照国家技术监督局的有关规定，所谓红木家具主要是指用紫檀木、酸枝木、乌木、瘿木、花梨木、鸡翅木制成的家具。除此之外的木材制作家具都不能称为红木家具。紫檀木是红木中的极品，其木质坚硬，色泽紫黑、凝重，手感沉重。年轮成纹丝状，纹理纤细，有不规则蟹爪纹。紫檀木又分老紫檀木和新紫檀木。老紫檀木呈紫黑色，浸水不掉色；新紫檀木呈褐红色、暗红色或深紫色，浸水会掉色。

红木家具分类

一、红木家具按产品用材分类可分为全红木家具、主要部位红木家具和红木包覆家具三种

1. 全红木家具是指产品所有木制零部位（除镜和镜托板、线条外）都采用红木制作。

2. 主要部位红木家具是指产品外表目视部位必须使用红木制作，内部及隐蔽处可使用其他深色名贵硬木或以外的其他优质木材。

3. 红木包覆家具是指产品外表目视部位采用红木实板包覆，内部及隐蔽处可使用其他近似优质木材，但主要部位和包覆红木家具，应在提供的质量保证书中明示使用红木以外树种木材的具体部位。

红木生长缓慢，资源奇缺，且呈逐年剧减趋势，有的已面临灭绝。我国产的红木，不但树种极少，而且产量极低。国内生产的红木家具所用的红木，均从印度、缅甸、泰国、越南、老挝等几个东南亚国家及南美洲、热带非洲进口。随着国际环保呼声的日益高涨，这些国家

相继采取了严格的限制制品政策，因而进口渠道日益狭窄、艰难，预计数年后，这些珍贵木材将无法供应，到那时，人们富裕了，想享受这豪华名贵的红木家具，恐怕就很难买到了。

二、红木家具按产品工艺分类可分为传统硬木家具、现代硬木家具

1. 传统硬木家具

指按照传统工艺，款式以明、清经典硬木家具为主，功能以陈设、收藏为主，制作精湛的深色名贵硬木家具。泛指硬木高仿家具、红木古典家具、古典工艺家具等。

传统硬木家具按品种可分为：凳椅类，桌案类，橱柜类，床榻类，屏、座类，台、架类。

2. 现代硬木家具

（1）指在传统工艺基础上，既能体现传统红木家具艺术，又具有当代艺术创新，且选材讲究、制作精湛，具有知识产权和收藏价值的深色名贵硬木家具。泛指硬木（红木）艺术家具，新海派家具等。

（2）指以传统工艺和实用功能为主，注重产品款式和工艺、结构的创新，且具有明、清家具艺术风格的深色名贵硬木家具，包括深色名贵硬木包覆家具和软体家具。

现代硬木家具按使用场合可分为：卧房家具，客厅家具，餐厅家具，书房家具，办公家具，酒店家具等。

明清红木家具

一、识别

一件明、清老红木家具，要从材质、年份、完整程度和精美程度诸多因素考察判断，以一个因素来独立判断是不科学的。

1. 确定老家具的材质

可以通过观察木纹来确定，有些材质——比如中式家具常用的鸡翅、瘿木、紫檀、榉木、杉木、老红木和西洋家具中常用的柚木、柳桉、橡木等还是容易识别的。也可以用指甲在暗处掐一下，根据材质的硬软来确定品种，也可以掂一下份量。如果你积累了一定的经验的话，通过以上三个方法大致可确定材质了。

2. 确定老红木家具的年份

除了材质之外，年份也是决定老红木家具价值的重要因素，对发烧级的玩家来说，这一点尤为重要。

所以，对老红木家具的式样和纹饰，自

己心里要有个谱。通过考察式样可以估计它的年份。有些式样非常奇特，一般图录中没有收入，就要提防点。这种"妖怪"的家具很可能是爬过山头的。

通过鼻子嗅也是一个办法。新仿的红木家具有刺鼻的油漆味，而老红木家具没有，只有一种闷在老屋里的陈宿味或者淡淡的霉味，如果是优质的木材，还会散发出特有的香味。

3. 确定老红木家具的真伪

一看包浆是否自然。一般在使用者的手经常抚摸的位置，会出现自然形成的包浆。新仿的包浆要么不自然，要么在不常抚摸的地方也会做出来。

二看家具的腿脚是否有褪色和受潮水浸的痕迹。在南方潮湿地区，家具一般直接摆放在泥地，时间长了就会出现这种情况。

三看家具的底板和抽屉板。比如，老的桌子和闷户柜等，底板和抽屉板就有一股仿不像的旧气。也有涂哑光黑漆的，但绝对没有火气。再则看抽屉侧板，在侧面应该有倒角线，以免伤手。还有一点很重要，看明榫，过去的榫眼都是方的，锁住榫头的是梢子。如果看到榫眼两头圆的，就说明机器加工的，肯定是新仿的。

四看木纹。有些家具表面会出现高低不平的木纹，但要看仔细了，是否用钢丝刷硬擦出来的，是否与原有的木纹对得起来。硬擦的木纹总有一种不自然的感觉。

五看翻修痕迹。有些布面的椅子在翻新后，原有的椅圈会留下密密麻麻的钉眼，这种椅子就是老的。有些藤面椅子，原来的藤面烂掉了，会留下穿藤的眼子，翻过来就可以看到。

六看铜活件。老红木家具的铜活件如果是原配的，应该被手摩挲了几十年甚至几百年。铜活件包括面页、合页、绞链、拉手、包角、镶条、锁面等，有些材质较好的家具还会选用白铜打造，时间长了会泛出幽幽的银光，令人遐思。有些铜活件上会錾出各种图案，有动物、花卉、吉祥字符等，工艺之精，是今天的铜匠很难仿得像的。有些民间意趣非常浓厚的图案上，还可以分辨出地域风情和时代风尚，从而获得珍贵的人文资讯。

还有些铜活件时间太久，虽然没有包浆，却会留下锈蚀的痕迹，泛出点点绿锈，或者表面上像腐蚀版画的版子那样高低不平，这些都是鉴别老家具真伪的关键之一。

七看雕刻。从风格和雕刻水平上考察。过去家具制作时在工时上放得比较宽，工匠的心态也相当平静，精雕细刻，圆润自然。而如今新仿的家具，为了降低成本，往往赶时间，在雕刻上就会露马脚，在中式家具中，圆不够顺畅，方不够坚挺，西洋家具的边框花饰还会出现偷工减料的情况。总之，看上去不顺眼的要小心点。

二、分类

1. 椅凳类

椅凳类包括：杌凳、坐墩、交杌、长凳、椅。

（1）杌凳。"杌"字的本义是"树无枝也"，故杌凳被用作无靠背坐具的名称。

（2）坐墩。又名"绣墩"，因它上面多覆盖一方丝绣织物而得名。

（3）交杌。俗称"马闸"，直接来自古代的胡床。它自东汉从西域传至中土后，千百年来流传甚广，基本形式由八根直木构成，长期不变。

（4）长凳。明、清之际，长凳式样繁多，小条凳是一件民间日用品，二人凳宜两人并坐而得名。

（5）椅。明及清前期的椅子大体上可分为靠背椅、扶手椅、圈椅、交椅。

靠背椅：只有靠背，没有扶手的椅子；

扶手椅：除了圈椅、交椅外，所有有靠背又有扶手的椅子；

圈椅：后背与扶手一顺而下，圆婉柔和，极为美观。坐时不仅肘部可以依搁，腋下一段臂膀也得到支撑；

交椅，交杌加上靠背，便成交椅，有直后背和圆后背两种。

（6）宝座。供帝王专用的坐具，在大型椅子的基础上崇饰增华来显示统治者的无上尊贵。

2. 桌案类

桌案类包括：炕桌、炕几、炕案，香几，酒桌、半桌，方桌，条几、条桌、条案，画桌、画案、书桌、书案，其他桌案。

（1）炕桌、炕几、炕案。这三件都是在炕上使用的矮形家具。它们的差异是：炕桌有一定的宽度，纵、横为三比二，用时放在炕或床的中间；炕几、炕案较窄，放在炕的两侧端使用。凡由三块板直角相交而成的，或腿足位在四角作桌形结体的叫炕几；凡腿足缩进安装，作案形结体的叫炕案。

（2）香几。因承置香炉而得名。一般家具多作方形或长方形，香几则圆多于方，而且腿足弯曲较夸张。

（3）酒桌、半桌。

酒桌，起源于五代、北宋，常用于酒宴。沿面边缘多起一道阳线，叫做"挡水线"，用作阻挡酒肴倾撒，流沾衣襟。此种家具为案形结构，北京匠师却称之为"桌"，是少有的例外。

半桌，又叫"接桌"，大小约为八仙桌的半个大小，所以得名为半桌。每当一个八仙桌不够用时，便用其来拼接。

（4）方桌。是传世较多的一种家具，有大、中、小之别。匠师名之曰"八仙"、"六仙"、"四仙"。

（5）条几、条桌、条案。这三种都是窄而长的家具。它们大小不等，但长度接近一丈或更长尺寸的只有条案一种。

（6）画桌、画案、书桌、书案。这是四种比较宽而大的长方形家具，就是小的，也大于半桌。其宽度增加，方便了使用者挥毫书画，摊卷阅读。北京匠师对于四者的区别有明确的概念。画桌、画案，便于站立书画，均不应有抽屉，其中，桌形结体的为画桌，案形结体的为画案。书桌、书案都有抽屉，依据其结体不同，分别叫做桌或案。

（7）其他桌案。属于其他类的桌案品种很多，如月牙桌、扇面桌、棋桌、琴桌、抽屉桌、供桌、供案等。

3. 床榻类

床榻类包括：榻，罗汉床，架子床。

（1）榻。北京匠师称只有床身，上无任何装置的为"榻"。

（2）罗汉床。床上后背及左右两侧安装"围子"的，北京匠师称之为"罗汉床"。

（3）架子床。架子床是有柱有顶床的统称。进一步细分，还可以区分为只在四角有立柱的"四柱床"和四柱之外正面还有两柱的"六柱床"。

红木家具制作流程

红木家具作为极具收藏鉴赏价值的艺术品，需要经过复杂的工艺制作流程方能成就其极高的艺术价值。红木家具的生产要经过层层考验，如同"过五关斩六将"，必须步步为营。选材、裁料、烘干、机加工、雕作、组装、刮磨、油髹，这些生产工序紧密相连，每一道生产工艺制作流程对于成就红木家具的艺术价值都起着非常重要的作用。

一、选材

有言："善治木者以木立信。"在选材上，只有精心选购优质名贵木材，才能保证产品不因假料辅料而名声尽毁。目前红木资源匮乏，成了名副其实的稀缺资源。

二、裁料

在裁料这一环节，如能注意长短搭配、综合利用，不仅能够节约资源，还能减低成本。选材、裁料这两道工序是家具制作的前期准备工作，直接影响以下各环节的顺利进行。

三、烘干

烘干工序是对木材的干燥处理。这一工序直接影响红木家具的质量。根据有关规定："产品的木材含水率应不高于产品所在地区平均木材平均含水率1%"，如果不对红木含水率进行严格控制，红木家具的使用寿命将会受到严重影响，甚至会出现面板开裂变形、榫头结构松动、档板虫蛀霉变等现象，红木家具的质量也就无从谈起。此外，不同的木材需要采用不同的烘干处理方法，如热能烘干处理法适用于鸡翅木等硬重类木材的干燥。当代科学技术的迅速发展使得红木家具用材的含水率要求和木材干燥技艺有了进一步提高，红木家具的质量也有了充分的保证。烘干工序在整个生产工艺流程中对现代先进机械设备的依赖性最大，其

次是机加工环节。

四、机加工

红木家具结构是否牢固取决于机加工是否精确细致。在开榫、打卯、钻眼、铉料等机加工过程中，精确的机械、锐利的刀具、娴熟的技艺、精心的操作，不仅能使行刀运凿洗练洒脱，提高工作效率，而且能够使红木家具结构牢固无比、坚不可摧。机加工环节是红木家具内在结构的有力保障，而雕作则为红木家具的外在形态提供了技艺支持。

五、雕作

雕作是红木家具外观造型塑造的关键环节。如果说材质是家具的躯壳，那么设计则是家具的灵魂，而雕作正是设计理念的具体显现。精妙的雕作艺术能使红木家具肌理清晰，外壳壮观，气势恢宏，成就红木惊世杰作。雕作要先定好造型趋势，确定家具轮廓、气势、线条、角度、韵律等。红木家具给人的感觉或沉稳，或端庄，或大气，都取决于这一定位。红木家具需要表达的主题思想、文化内涵以及外在特征、气势基调都要依靠雕刻师的精雕细琢和胸有成竹、大胆泼辣、行云流水般的高超技艺。可以说，是雕作醇化了红木家具的艺术特质，也为下一环节提供了更为浑然天成的组装素材。

六、组装

组装环节是红木家具榫卯结构的演绎阶段，凭借工艺师丰富的经验和精湛的技艺，家具的组合装配往往浑然一体，天衣无缝。组装环节是对红木家具榫卯结构的直观演绎，突显了红木家具榫卯结构这一奇异的特征。既互相避让又相辅相成的各种各样的榫子在组装过程中犹如小精灵，灵活、自然，取代钉子、胶水的生硬，创造出精巧绝伦的榫卯传奇。

七、刮磨

红木家具须经由工艺大师们的精雕细琢，这里的精雕指的是雕作，细琢则指的是刮磨。刮磨直接影响家具的美观程度。家具要做好，就要由人工用锉刀和纱布反复刮磨，使其达到光润、圆润的效果。木材纹理要显示自然光泽，红木家具整体上要均匀一致，线条流畅，质感细腻，家具表面铮亮，都离不开刮磨工艺师的一磨一刷、一刀一锉、一铲一烫的娴熟技艺。

八、打蜡

红木家具打蜡工艺，是促成红木家具外观美的重要环节。红木家具打蜡用料须是绿色环保透明蜜蜡，才能遮盖不住红木清晰动人的纹理，使红木家具的美更趋自然，更显"天生丽质"。经过打蜡，红木家具色泽光鲜，高雅大方，端庄得体，并且经久耐用，越磨越亮，确保了红木家具的上乘品质。

以上生产工艺流程还能细分出许多道小工序。一套上乘的好家具，须经由几十道严密的生产工序方能完成。每一道生产工序对红木家具均起着重要的影响作用，并且互为前提，相辅相成，一道都不能少。

红木家具制作工艺

以手工方式制作家具，做工和技艺尤为重要。红木家具的制造，在继承明清以来优质硬木家具的传统技艺上，随着时代的发展，工艺水平得到了不断的提高，特别是许多优秀产品，做工精益求精，工艺科学合理。

一、木材干燥工艺

红木家具的制造往往直接取决于用材的性质。红木、花梨木等木材与紫檀、黄花梨在木材质地上尚有一定差别，因此，用材的加工处理就成为红木家具质量的先决条件。不少红木材料常含油质，加工成红木家具的部件容易"走型"，就是白坯完工以后，也还会影响鬃饰。民间匠师在长期的生产实践中摸索出了许多处理木材材质的方法，积累了不少行之有效的经验。

旧时，一般先将原木沉入水质清澈的河边或水池中，经过数月甚至更长时间的浸泡，使木材里面的油质渐渐渗泄出来，然后将浸泡过的原木拉上岸，待稍干后锯成板材，再存放在阴凉通风的地方，任其慢慢地自然干燥，到那时，才用它们来配料制作红木家具。这种硬木用材的传统处理方法，所需时间较多，周期较长，现代生产已很少采用，但经如此干燥后的木材，"伏性"强，很少再有"反性"现象。传世的许多红木家具，有的已历时二三百年，除特殊原因外，很少有出现隙缝和走样的。用作镶平面的板材，不仅需经一二年的自然干燥，而且还需注意木材纹理丝缕的选择。

民国以后，有些红木家具的面板开始采用"水沟槽"的做法，即在面板入槽的四周与边抹相拼接处留出一圈凹槽，可避免面板因涨缩而发生破裂或开榫现象。这种手法一直延续到现在，显然在工艺上要比镶平面容易。这与传统工艺中起堆肚的做法有些类似，但只将面心板四周减薄后装入边框内，槽口仅留 0.5 厘米左右。

二、精湛卓越的木工工艺

富有优良传统的木工加工手艺发展到红木家具制造的年代，已达到登峰造极的地步。木工行业中流传着所谓"木不离分"的规矩，就是指木工技艺水平的高低，常常相差在分毫之间。无论是用料的粗细、尺度，线脚的方圆、曲直，还是榫卯的厚薄、松紧，兜料的裁割、拼缝，都是直接显示木工手艺的关键所在，也是家具质量至关重要的内容。因此，木工工艺要求做到料份和线脚均"一丝不差"，"进一线"或"出一线"都会造成视觉效果的差异；

兜接和榫卯要做到"一拍即合"，稍有歪斜或出入，就会对红木家具的质量发生影响。

1. 工艺与构造的设计

在木工手艺中，许多工艺和结构的加工均需匠心独运，尤其是各种各样的榫卯工艺，既要做到构造合理，又要做到熟能生巧，灵活运用。例如，红木家具中常常利用榫卯的构造来增强薄板或一些构件的应变能力，以避免横向丝缕易断裂、易豁开等缺点。对于一些家具的镂空插角，匠师们巧妙地吸收了45°攒边接合的方法，将两块薄板分别起槽口，出榫舌后拼合起来，既避免了采用一块薄板时插角因镂空而容易折断的危险，又提供了插角两直角边都可挖制榫眼的条件，只要插入桩头，即能很好地与横竖材相接拼合。

由于清式造型与明式造型的差异，家具形体的构造往往出现各种变化，因此，在红木家具的制造工艺上形成了许多新的方法，像太师椅等有束腰扶手椅的增多，一木连做的椅腿和坐盘的接合工艺已显得格外复杂，工艺要求也更高。这类椅子的成型做法，需要按部就班，一丝不苟，大致可分四个步骤。第一步是前后脚与牙条、束腰的连接部分先分别组合成两侧框架，但牙条两端起扎榫、束腰为落槽部分，以便接合后加强牢度；第二步是将椅盘后框料同牙条和束腰与椅盘前牙条和束腰同步接合到两侧腿足，合拢构成一个框体；第三步是将椅盘前框料与椅面板、托档连接接合，再与椅盘后框料入榫落槽，摆在前脚与牙条上，对入桩头拍平，然后面框的左右框料从两侧与前后框料入榫合拢，前框料为半榫，后框档做出榫；第四步是安装背板、搭脑和两侧扶手，这大概是红木家具中木工工艺最繁复的部分。

2. 科学合理的榫卯结构

工艺合理精巧，榫卯的制作是最重要的方面。经过长期的实践，红木家具中榫卯的基本构造，有些做法已与明式家具榫卯稍有不同，如丁字形接合的所谓"大进小出"，即开榫时把横档端头一半做成暗榫，一半做成出榫，同时把柱料凿出相应的卯眼，以便柱侧另设横档做榫卯时可作互镶。

红木家具一般不再采用这种办法，常一面做出榫，一面做暗榫。又如棕角榫的运用，依据不同的情况作出相应的变化后，更适应形体结构和审美的要求。棕角榫在桌子面框与脚柱的交接处侧面出榫，桌面和正面不出榫，在书架、橱柜立柱与顶面的交接处，顶面出榫和两侧面出榫，正面不出榫。然而在一种橱顶上，棕角榫又出现了明显的变体做法。为了适应顶前出现束腰的形式，在顶前部制作凹进裁口形状，以贴接抛出的顶线和收缩的颈线，取得一种特殊的效果。这种构造的内部结构虽仍是运用了棕角榫的原理和做法，但外形已经不呈棕角形。再有，如传统硬木家具典型的格肩榫，红木家

具一般不做小格肩。所谓大格肩的做法，也常取实肩与虚肩的综合做法，即将横料实肩的格肩部分锯去一个斜面，相反的竖材上留出一个斜形的夹皮。这种造法既由于开口加大了胶着面，又不至于因让出夹皮位置而剔除过多，而且加工方便。江南匠师把这种格肩榫叫做"飘肩"。

红木家具常用的榫卯可分为几十种，归纳起来大致有以下种类：格角榫、出榫（通榫、透榫）、长短榫、来去榫、抱肩榫、套榫、扎榫、勾挂榫、穿带榫、托角榫、燕尾榫、走马榫、棕角榫、夹头榫、插肩榫、楔钉榫、栽榫、银锭榫、边搭榫等。通过合理选择，运用各种榫卯，可以将家具的各种部件作平板拼合、板材拼合、横竖材接合、直材接合、弧形材接合、交叉接合等。根据不同的部位和不同的功能要求，做法各有不同，但变化之中又有规律可循。清代中期以后，不同地区常有一些不同的方法和巧妙之处，如插肩榫和夹头榫的变体，抱肩榫的变化等。在深入调查研究中，偶然还会遇到某种榫卯或某一种局部的构造是我们过去所不知道的。

有人以为，精巧的榫卯是用刨子来加工的，其实，除槽口榫使用专门刨子以外，其他均使用凿和锯来加工。凿子根据榫眼的宽狭有几种规格，可供选用。榫卯一般不求光洁，只需平整，榫与卯做到不紧不松。松与紧的关键在于恰到好处的长度。中国传统硬木家具运用榫卯工艺的成就，就是以榫卯替代铁钉和胶合。比起铁钉和胶合，前者更加坚实牢固，同时，又可根据需要调换部件，既可拆架又可装配，尤其是将木材的截面都利用榫卯的接合而不外露，保持了材质纹理的协调统一和整齐完美。所以，清料加工的红木家具才能达到出类拔萃的水平。中国传统家具通过几千年的发展，自明代以后，能如此将硬木家具的材料、制造、装饰融于一体，这种驾驭物质的能力，不能不说是对全人类物质文明的巨大贡献。

3. 木工水平的鉴别

要全面地检查一件红木家具木工手艺的水平，各地都有不少丰富的经验，看、听、摸就是经常采用的方法。看，是看家具的选料是否能做到木色、纹理一致，看结构榫缝是否紧密，从外表到内堂是否同样认真，线脚是否清晰、流畅，平面是否有水波纹等；听，是用手指敲打各个部位的木板装配，根据发出的声响可以判断其接合的虚实度；摸，是凭手感触摸是否顺滑、光洁、舒适。红木家具历来注重这种称为"白坯"的木工手艺，一件优秀出众的红木家具，往往不上漆、不上蜡，就已达到完美无瑕的水平。

4. 传统的木工工具

"工欲善其事，必先利其器。"精巧卓越的手工技艺，离不开得心应手的工具。红木家具的木工工具主要有锯、刨、凿和锉。由于红木木质坚硬，故刨子所选用的材质、刨铁在刨膛内放置的角度都十分讲究。

明代宋应星编著的《天工开物》一书中记有一种称为蜈蚣刨，至今仍是红木木工不可缺少的专用工具，其制法也与旧时一样，"一木之上，衔十余小刀，如蜈蚣之足"。使用时一手握柄，一手捉住刨头，用力前推，可取得"刮木使之极光"的效果。在木锉之中，有一种叫蚂蚁锉的，木工常用它来作为局部接口和小料的处理加工，也是用作理线行之有效的专用工具。有人以为凹、凸、圆、曲、斜、直的各种线脚全部是依靠专用的线刨刨出来的，其实许多线脚的造型是离不开这一把小小蚂蚁锉的，它在技师手中的功能实在可达到出神入化的地步。

三、明莹光洁的揩漆工艺

红木家具在南方都要做揩漆，不上蜡，故除木工需好手外，漆工同样需要有好的做手。漆工加工的工序和方法虽各地有差异，但制作的基本要求大致相同。揩漆是一种传统手工艺，采用生漆为主要原料。生漆又称大漆，加工是关键性的第一道工艺，故揩漆首先要懂漆。生漆来货都是毛货，它必须通过试小样挑选，合理配方，细致加工过滤后，经晒、露、烘、焙等过程，方成合格的用漆。揩漆有许多方法秘不外传，常有专业漆作的掌漆师傅配制成品出售，供漆家具的工匠们选购。

揩漆的一般工艺过程先从打底开始，也称"做底子"。打底的第一步又叫"打漆胚"，然后用砂纸磨掉棱角。过去没有砂纸时，传统的做法是用面砖进行水磨。第二步是刮面漆，嵌平洼缝，刮直丝缕。第三步是磨砂皮。磨完底子也就做成，便进入第二道工序。这一工序先从着色开始，因家具各部件木色常常不能完全一致，需要用着色的方法加工处理；另外根据用户的喜好，可以在明度上或色相上稍加变化，表现出家具的不同色泽效果。清代中期以后，由于宫廷及显贵的爱好，紫檀木家具成为最名贵的家具，其次是红木。紫檀木色深沉，故有许多红木家具为了追求紫檀木的色彩，着色时就用深色。配色用颜料或用苏木浸水煎熬。有些家具选材优良，色泽一致，故揩漆前不着色，这就是常说的"清水货"。接着就可做第一次揩漆，然后复面漆，再溜砂皮。同样，根据需要还可着第二次色，或者直接揩第二次漆。接下去就进入推砂叶的工序。砂叶是一种砂树叶子，反面毛糙，用水浸湿以后用来打磨家具的表面，能使之既光且润滑。传统中还有先用水砖打磨的，现早已不用，改用细号砂纸。最后，再连续揩漆三次，叫做"上光"。上光后的家具一般明莹光亮，滋润平滑，具有耐人寻味的质感，手感也格外舒适柔顺。在这个过程中，家具要多次送入荫房，在一定的湿度和温度下漆膜才能干透，具有良好的光泽。北方天寒干燥，不宜做揩漆，多做烫蜡。

现代红木家具揩漆多用腰果漆。腰果漆又名阳江漆，属于天然树脂型油基漆。采用腰果壳液为主要原料，与苯酚、甲醛等有机化合物，经缩聚后加溶剂调配成似天然大漆的新漆种。

红木家具造假十二点

随着近几年红木家具市场的火热，越来越多的人对红木家具多了一份关注及了解，也促使很多有涵养的顾客在购买家具的时候首选红木家具，但是，目前市场上红木家具鱼目混珠、杂乱无章。由于行业缺乏有效的监管，其巨大的利润空间引来不良商家的纷纷涌进，这必然导致红木家具的质量及做工参差不齐。

1. 欺骗消费者的纯手工

现在的红木家具几乎没有纯手工，都是手工和机器五比五或者四比六，因为工艺和木材所限，手工制作工期十分漫长，一年内很难生产出几套纯手工红木家具。

2. 红木家具内部结构的造假

正宗红木家具应采用我国几千年以来流传下来的榫卯结构组装而成，对烘干定型木材十分考究，而大部分商家只有普通工艺，靠铁钉和螺丝固定家具。

3. 危害身体的胶磨家具

为了缩短工期，掩饰烘干不到位、心材腐烂、白边等问题，往往用胶水把腐烂的心材和木材白边上胶打磨完后上色，以假充真。

4. 炒作红木独板

事实上，越大块的板材越容易开裂变形，从结构原理上讲，承受力太小，不够坚固耐用，而很多商家都是贴皮做好后，假炒为独板。

5. 炒作独特造型

红木家具，经典就是自古流传下来的瑰宝。很多厂商所谓的造型，东改一下，西改一下就叫独特造型，失去了红木家具的传统文化和固有精髓。

6. 炒作艺术价值

所谓业内家具协会和地方政府举办的红木家具展会，往往是地方保护主义，谎称艺术大师，其实是与举办单位存在着纯属利益关系，没有资格证书更没有获得过大奖，多是冒牌，多是造假。

7. 回扣惊人

很多所谓大师、设计单位广泛介绍客户购买红木家具，促成订单后自己可以拿到一笔可

观的佣金，所以，消费者一定要和商家签署正式合同，注明产地、品质。

8. 原料木材造假

所谓老红木原料，其实子虚乌有，哪个商家也积压不起那么多的资金去存放老红木，都是存放新红木，上色磨胶，通过人工画出木材的纹理造假。

9. 材料学名无法检测

国家规定，红木家具所用的五属八类三十三种红木木材，目前我国中科院木材研究单位只检测属，不检测类，这样就产生了南非、越南、缅甸、老挝等国家和地区所生产的红木木材或家具种类不清楚，它们虽然都是红木，却有着天壤之别。

10. 缩短生产周期

从生产流程讲，就是技术设备先进的厂商从挑木、选材、烘干、定型这几个环节就需要至少一个月的时间，在经过加工生产雕刻等复杂工艺流程，共需3-4个月的工期方可完成。很多商家为了利润最大化，通过节省烘干、定型等工艺流程来最大限度缩短工期。

11. 加盟店难保品质

大多数加盟店都是挂羊头卖狗肉，自己购买贴牌的伪劣家具以次充好，在一个地方做1-2年便人去楼空，坑害消费者。

12. 售后无保障

红木家具由于工艺流程和结构都非常复杂，所以和一般家具不一样，修家具比做家具要难，有些商家以次充好，人去楼空后，家具售后方面用户失去了保障。

第三章
红木家具选购指南

红木家具选购的南北差异

正所谓橘生淮南则为橘，生于淮北则为枳。南北方的差异对于家具，尤其是实木家具的影响很大。在选购的时候需多加注意，如若不然，在日后使用的时候就因木材含水量、漆膜加工、榫卯结构等方面而出现问题。

现代家庭中家具的主要角色是木制家具，其中，尤以实木家具占据高档消费的主战场。然而大多数人在选购木制家具时，往往只看样式和板材，而对其他关乎家具质量的细节一知半解抑或漠不关心。其实，选购木制家具尤其是实木家具时，木材含水率、漆膜的加工、榫结构的连接等都是应多加注意的地方。尤其当你选用异地木材的时候，应该说，木材的含水率与家具的内在质量有很大关系。

一、含水率不直观却很重要

有消费者反映，自家的实木地板还没用上一年，就发生了开裂现象。自己平时很注重保护，怎么会出现这种现象呢？其实不单是实木地板，一些实木家具、门窗等也会出现这样的现象，而造成这种现象最直接的原因便是木材的含水率。

通常情况下，木材本身都含有一定的水分，因此，在制作家具之前都会进行烘干处理，这点是被大家熟知的，但是，烘干却要遵循一定的标准，即使家具用材的含水率与使用地区大气的平均含水率保持一致，在选购木制家具尤其是实木家具的时候，如果没有专业的检测仪，消费者很难了解该木制家具是否达到规定的标准。然而，我们却不能因为含水率不能被直观地体现出来就忽视了它的重要性。

由于地理位置的不同，大气中的平均含水率会有差别，因此，不同地区对木制家具的含水率要求不同。比如，北京地区空气的平均含水率是 11.4%，而南方地区则为 14% 左右，具体到家具的要求上就为当地平均含水率的正负 1% 之间。含水率直接影响着木制家具尤其是实木家具的质量和使用，含水率低了，木材会吸收空气中的水分，造成家具膨胀变形；而含水率高了，家具则会面临开裂的危险。

一般而言，木制家具尤其是实木家具，它的含水率最好比当地空气的平均含水率低一至两个百分点。而在北京的市场上，有很多产品的木材来自南方，或者直接就是南方生产再运过来的，可想而知，南方的空气比北方潮湿，那里的木材含水率是高于北方的。因此，南方的木制家具尤其是实木家具以及木材都必须进行严格的排潮处理，而这当中又面临两个问题：一个是施工技术的要求；一个是成本的要求。如果两方面的协调最终没能保证对含水率的有效处理的话，南方的木制家具在北方环境中的确比较容易出现问题。

二、选木制家具要从细节着手

虽然木材的含水率要通过检测仪测量，但消费者还可以通过一些简单的手法加以测试，消费者可以用手去触摸一下木制家具的表面，如果有潮湿感和冰凉感，则说明家具的含水率可能会偏高。但是，由于消费者看到的都是在店中放置一定时间的样品，其含水率大都已经接近平衡了，所以，如果消费者对家具含水率不放心的话，建议通过专业检测仪进行测量。

三、其他细节部分

除了含水率之外，选购木制家具还需注意其他细节部分。

首先，家具的榫结构，如桌子等可用手摇晃摇晃，看看稳不稳；沙发则要坐一坐、晃一晃，如果不活动、不发软、无响声，说明榫眼结构比较牢固。其次，选购木制家具时不要只看表面油漆光滑，还要摸摸涂层是否厚实，如果漆膜过薄，家具的耐热性能和耐划性能就会下降。再次，还要注重边角部分的漆膜，边角不能直棱直角，直棱处极易掉漆。家具的门里面也应刷一道漆，不刷漆板材容易弯曲而又不美观。

除了文中的几点外，木制家具贴面的检查也很重要。在检查的时候要冲着光看，封边不平的有可能是由于内部材料潮湿造成的，封边短期内会脱落，此外，用木条封的便容易发潮崩裂。

红木家具的选购

红木家具是由名贵天然实木制成，花纹美观，视觉和触觉优良，是绿色环保产品。好的红木家具，不仅能满足人们工作和生活的需要，而且是一种艺术品，具有鉴赏和收藏价值。居室内有几件好的红木家具，可以说能使四壁生辉，既能改善居室环境，又能显示和提高主人的品位。但如何选购红木家具？主要应考虑下面几点：

1. 造型要美

一件好的红木家具除满足使用功能外，还应该是一件艺术品，在精神上给人一种艺术享受。因此，在购买红木家具时，首先需考虑家具的造型。任何家具造型美都是基础，不管古典的还是现代的家具，都要符合造型的基本规律，做到结构上科学合理、比例上协调匀称，否则，是不会好看的。当然，每个人的审美观不同、情趣不同，对家具的材色、款式要求也不尽相同，尽管如此，购买者还应该关注造型才是。

2. 做工要精

红木家具好，造型好是一个方面，而做工好是另一方面，而且是更重要的一个方面。所谓做工好就是红木家具加工的质量好，它集木工、雕刻、镶嵌、装饰于一体，每一道工序都要做到精益求精、一丝不苟才行。常言道"木不离分"，就是指木工技术水平的高低相差在分厘之间。无论是用料的粗、细，线脚的方圆、曲直，还是榫卯的大小、松紧，兜料的裁割、拼缝等都是直接显示木工手艺的关键。木工师傅在制作家具时要尽量做到尺寸准确，最好是"一丝不差"，"进一线"或"出一线"都会造成视觉上的差异，稍有出入就会影响家具的质量，其好与差都暴露在家具外形与表面上。如表面是否平整，接缝是否严密，雕刻的线条是否光滑匀称和动植物是否栩栩如生，镶嵌是否牢固，涂饰是否光洁等。做工的优劣只要认真观察，仔细比较，哪些产品好、哪些产品差是可以判断出来的。

作为木材加工中的一道重要工序——木材干燥质量是购买红木家具者应该重视的。木材只有经过科学的干燥后，才能防止或者减轻开裂和变形，提高家具的力学强度，使家具更加牢固、耐用，改善加工性能，如易于涂饰、呈现光泽和花纹、提高装饰性能等。在生产红木家具前，必须把木材干燥到和家具使用地区的气温、湿度相适应的木材平衡含水率，这样才能避免木材含水率因受使用地区气温、湿度的影响而发生变化引起木材胀缩、翘曲和开裂，保证产品质量。如北京地区木材平衡含水率约 8%～12%，年平均为 11.4%，也就是说在北京地区使用的家具用材应该干燥到含水率 12% 以下。按这样的标准，生产家具用的较大零部件（如 4~6cm 厚的木料），如不采用科学正确的干燥方法，仅靠烧劈材和锯末烘烤是难以达到的。家具干燥不到位，其他加工做得再好，也不能成为好家具，北方尤其如此。因此，在购买红木家具时应对用材干燥情况作一了解。

3. 材料要真

国家标准规定红木共 8 类。它们是：紫檀木（Pterocarpus spp）、花梨木（Pterocarpus spp）、香枝木（Dalbergia spp）、黑酸枝（Dalbergia spp）、红酸枝（Dalbergia spp）、乌木（Diospyros sip）、条纹乌木（Diospytos spp）及鸡翅木（Millettiaspp. and Cassia spp）等。选购时须记住，家具只要标明这 8 类当中的任何一类即是红木家具，但不能是笼统标称红木，因为 8 类木材中的每一类都有特定的含义。同时，还需要注意具体标明应是全花梨木、全鸡翅木……，以免误购部分木材是红木，另一部分木材不是红木的家具，保证材料真实。

以上介绍购买红木家具时要考虑型、艺、材三个方面。所谓型，就是指造型要美；艺，就是做工要精，加工工艺美，也就是加工的质量好；材，就是指材料真，制作家具的材料必

须是国标规定的 8 类中的任何一类。

另外，介绍一下识别红酸枝材质的方法，可归纳为三看：

一看新茬。用一把小刀在一件红酸枝柜门里侧刮几下，木屑落下后，如果是真的就会露出新的红茬。如果露出白茬，则说明这材料是染过色的。只要不是上漆的家具，这种方法就适用。

二看纹理。一般说来，颜色深的红酸枝密度大，年轮紧，纹理清晰而顺直。而颜色浅的红酸枝相对密度小，年轮松散，有些发暗，表面看上去像有一层雾气。

三看黑筋。深颜色的红酸枝黑筋多而明显，和它的枣红底黑红分明。而浅颜色的红酸枝较少有黑筋，即使有也不如前者明显。

购买红木家具谨防假冒

红木家具价格飙升，假冒红木家具层出不穷。业内人士提醒消费者：购买红木家具一般要买木料原色，对于上漆的家具要格外留心，同时，购买时一定要索取正式发票，并在发票上注明家具的具体材质，切不可泛泛以"红木"二字来统称。因为红木的种类很多，差价可在十倍以上，若发票未能注明木材名称，以后维权将会极其困难。根据国家标准，"红木"的范围确定为 5 属 8 类。5 属是以树木学的属来命名的，即紫檀属、黄檀属、柿树属、崖豆属及铁力木属。8 类则是以木材的商品名来命名的，即紫檀、花梨、香枝、黑酸枝、红酸枝、乌木、条纹乌木和鸡翅木等类别。市场上经常有一些不在这范围内的木料，被商家打"擦边球"来诱导消费者，例如，所谓非洲、南美的"红木产品"。值得注意的是，带有白皮的红木，由于白皮部分几年后就容易被虫子蛀蚀，这不仅会影响红木家具的美感，还将影响红木家具牢固性和使用寿命，因此，也不能称为符合标准的红木家具。

红木家具使用和放置的注意事项

红木家具虽然经久耐用，但也要合理使用，妥善放置，才能延长其使用寿命。

1. 红木家具与一般家具有所不同，它宜阴湿，忌干燥，故红木家具特别不宜受到曝晒，切忌空调对着红木家具吹。

2. 红木家具须藏物适度，橱内存放物件不要超过门框，如果经常硬挤硬塞，会造成橱门变形。

3. 红木家具的红木板面一般是脆的，如桌面、椅面。要经常注意防止碰伤碰裂，如果在使用或搬动时，发现着力处出现脱榫，一定要重新胶合密封后再使用。

4. 红木家具在室内摆放的位置应远离门口、窗口、风口等空气流动较强的部位，更不要受到阳光的照射。

5. 冬季不要摆放在暖气附近，切忌室内温度过高，一般以人在室内穿着毛衣感觉舒适为宜。

6. 春、秋、冬三个季节要保持室内空气不干燥，宜用加湿器喷湿，室内养鱼、养花也可以调节室内空气湿度。

7. 夏天暑期来临，要经常开空调排湿，减少木材吸湿膨胀，避免榫结构部位湿涨变形而开缝。

8. 避免红木家具长期曝晒于阳光下，不要把红木家具直接放在暖气炉、壁炉等高温处。

9. 如果移动红木家具，应将红木家具提起，不要拖行，以免造成红木家具整体结构的松动。

红木家具的保养

红木家具作为高档家具，保养一定要得当。专家建议的保养方法有以下 6 点：

1. 红木家具一般使用年代较长，所以，平时要经常保护好红木家具的表面涂料，最好每隔三个月用少许蜡擦一次，不仅增加红木家具的美观，而且保护木质。

2. 防止酒精、香蕉水等溶剂倒翻，以免使红木家具表面长疤痕。遇到红木家具表面染上污垢时，要用轻度的肥皂水洗净，干燥后再上蜡一次，以恢复原貌，切忌用汽油、煤油、松节油等溶剂性液体擦，以免擦掉表面的涂料和漆的光泽。

3. 要保持红木家具整洁，日常可用干净的纱布擦拭灰尘。不宜使用化学光亮剂，以免漆膜发粘受损。为了保持红木家具漆膜的光亮度，可把核桃碾碎、去皮擦拭，再用三层纱布去油抛光。

4. 台类红木家具的面板，为了保护漆膜不被划伤，又要显示木材纹理，一般在台面上放置厚玻璃板，且在玻璃板与木质台面之间用小吸盘垫隔开。建议不要用透明聚乙烯水晶板。

5. 红木家具是实木家具，出厂后在一年内容易发生质量问题，需要保养。冬天最好使用增湿器，夏天使用空气调节器，让室内湿度保持在 25%～35% 之间。

6. 尘埃其实是一种有磨损性的粒子，在擦拭灰尘时，要用软棉布顺着木纹来回轻擦。如使用硬干布擦漆面，会对漆面造成磨花现象，令其失去光泽。

红木及其家具的养生功效

人们常说，从事红木工作者比从事其他行业者更长寿。这一说法是有一定依据的。在养生方面，红木家具确实堪称人类养生保健的宝物，红木家具的养生文化在历代中不断传承。

红木家具为什么让人更长寿？主要有以下几点：

首先，红木生长在深山老林，经过数百年的日晒雨淋，聚天地灵气。经常接触红木，对身心的益处是显而易见的。

其次，很多材质的红木是传统中药的组成部分。在我国，历来有"摆乌木、睡紫檀、坐酸枝、用花梨"的说法，很多红木木材本身就是很名贵的中药药材，具有很高的药用价值。

最后，艺术美具有预防疾病、增强体质、延年益寿的作用。好的红木家具一般会雕刻有

寓意吉祥、图像精美的图案，能使人精神愉悦，而愉快的情绪无疑能够促进健康、让人长寿。

下面介绍几种常见红木养生功效。

1. 紫檀木

紫檀木可以调和气血平衡，使身体更为健康；紫檀木中含有一种叫做"木氧"的物质，它可以起到安神的作用，让你烦躁的心情可以得到沉淀，安神作用明显；紫檀木可以促进细胞新陈代谢，延缓衰老，使肌肤皱纹减少，起到美容的功效；紫檀木对胃肠不适、关节疼痛也有很好的功效。

2. 花梨木

花梨木床、椅等家具对人有醒脑安神作用，如大果紫檀。大果紫檀俗称缅甸花梨木，木纹清晰，结构细而匀，有些部位有明显的虎皮纹，断断续续很美观；颜色偏红，木纹呈淡红色；大果紫檀有一种檀香味，其香悠远醇厚、不张扬，有助于稳定中枢神经系统，帮助情绪低落、极度疲劳及忧心忡忡者心理状态平稳，使人振奋，精神焕发。

3. 香枝木

香枝木又名黄花梨、降香檀，除作为红木家具和雕刻材料外，还是一种重要的传统中药材，主要有理气功能。

降香是著名的南药之一，为《中华人民共和国药典》收载药材。正品药材降香为降香黄檀的树干和根部的干燥心材，呈柱形、类圆柱形、长条形稍扭曲、不规则碎块状，表面呈紫色、棕紫色或红褐色，有纵长线纹，有光泽。端面粗糙，能沉入水。气芳香，味稍苦。烧之香气浓烈，有油流出，燃完留有白灰。加水研磨后内服药液，性温味辛，归肝脾经，用于脘腹疼痛、肝郁胁痛、胸痹刺痛，用代中药"郁金"效果非常好。还可以医治上部瘀血停积胸膈，骨按之痛或并胁肋痛。也可磨粉外敷，对于治疗跌打损伤、止痛止血，是极好的镇痛剂。

4. 酸枝木

《本草纲目》中提到酸枝可入药。酸枝木对人体有很多益处。酸枝的共同特点就是其切面有一股酸辛之味，可以用于除臭，也可以除菌、预防疾病，而且这种酸香之气对人体也是有好处的，可以静气凝神。除此之外，红木作为高档家具普遍选择的木种之一，其散热性、透气性都很优秀，而且不硬不凉、坚硬沉稳，这些都是明、清众多古家具选择红木为原料的重要原因。

第四章
红木家具的鉴赏

紫瑞木韵
rosewood

椅凳类

YD001

矮靠背南官帽椅

59cm × 47cm × 82cm

YD002

四出头官帽椅

59cm × 46cm × 114cm

YD003

矮南官帽椅

55.5cm × 42.5cm × 62.5cm

YD004

吉祥如意椅几

椅：61cm × 47cm × 100cm

几：44.5cm × 36cm × 77cm

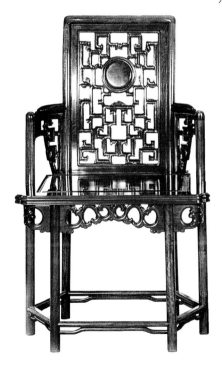

YD005

南官帽椅

56cm×45cm×93cm

YD006

四出头官帽椅

60cm×45cm×120cm

YD007

六方形南官帽椅

78cm×55cm×83cm

YD008

如意云纹玫瑰椅

59cm×45cm×86cm

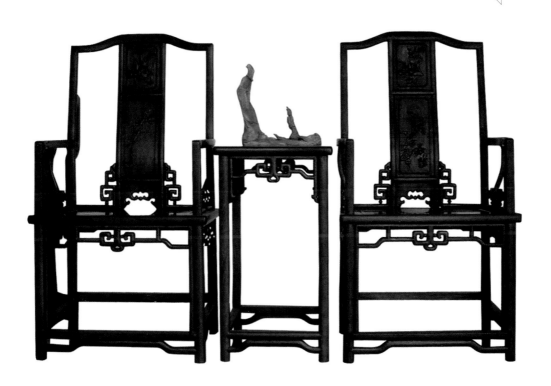

YD009

高靠背南官帽椅

57.5cm × 44.2cm × 119.5cm

YD010
藤面四出头官帽椅
60cm×45cm×120cm

YD011
镀大理石四出头官帽椅
59cm×45cm×115cm

YD012
直枨围子出榫玫瑰椅
51cm×47cm×88cm

YD013
如意扶手椅几
椅：62cm×52cm×113cm
几：40.5cm×43cm×72cm

YD014

矮南官帽椅

71cm×58cm×77cm

座高：31.5cm

YD015

南官帽椅

61cm×46cm×105cm

YD016

南官帽椅

60.4cm × 56.6cm × 94cm

YD017

镶象牙南官帽椅

60cm × 48cm × 108cm

YD018

扶手椅
56cm×48cm

YD019

藤面四出头官帽椅
56cm×39cm×104cm

YD020

藤面玫瑰椅

56cm×43.2cm×85.5cm

YD021

四出头官帽椅

60cm×45cm×120cm

YD022

四出头官帽椅

57.5cm×46.8cm×118cm

YD023

官帽椅几

椅：56cm×48cm×117cm
几：51cm×46cm×72cm

YD024

灯挂椅

49.5cm × 39cm × 109cm

YD025

高靠背南官帽椅

57.5cm × 44.2cm × 119.5cm

紫瑞木韵 rosewood

45

YD026

藤面大灯挂椅

57.5cm × 41.5cm × 117cm

YD027

高扶手南官帽椅

56cm × 47.5cm × 93.2cm

YD028

扇面形南官帽椅

前宽：75.8cm　　后宽：61cm
深：60.5cm　　通高：108.5cm

YD029

YD030

大灯挂椅

57.5cm×41.5cm×117cm

YD031

四出头官帽椅

60cm×50cm×112cm

YD032

YD033

YD034

YD035

YD036

YD037

硬板面南官帽椅
60cm×50cm×94cm

YD038 官帽椅三件套

YD039

镶大理石圈椅
60cm × 46cm × 100cm

YD040

圈椅

59.5cm × 45cm × 98cm

红木家具鉴赏

紫瑞木韵

rosewood

YD041

漆面素小圈椅

55.5cm×42.5cm×88cm

YD042

圈椅

68cm×45cm×96cm

YD043

圈椅

62cm × 48cm × 100cm

YD044

YD045

透雕靠背圈椅
60.7cm × 48.7cm × 107cm

YD046

YD047

卷枕圈椅

60cm×48cm×110cm

YD048

清式椅几

几：35.5cm×48.5cm×71cm
椅：60cm×48cm×96.5cm

YD049

圈椅

62cm × 48cm × 100.5cm

YD050

YD051

圈椅

47cm × 58.5cm × 90cm

红木家具鉴赏

紫瑞木韵

rosewood

YD053

YD054

YD055

拐子纹扶手椅

140cm × 90cm × 120cm

YD056

束腰扶手椅

62cm × 46cm × 110cm

YD057

YD058

YD059

太师椅

58cm × 52cm × 116cm

YD060

雕灵芝座

58cm × 50cm × 113cm

座高：52cm

YD061

太师椅

63cm×48cm×110cm

YD062

YD063

宝座

64cm × 68cm × 120cm

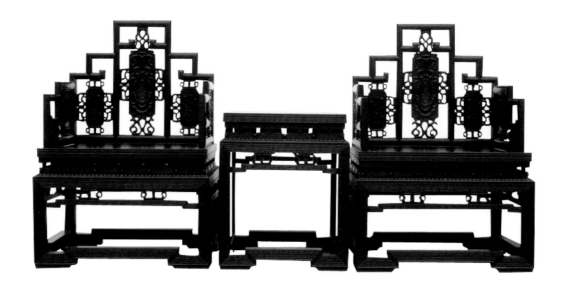

YD064

太师椅

63cm × 48cm × 110cm

YD065

三腿罗锅枨方凳

凳面约 52cm 见方　高 54cm

YD066

有束腰管脚枨方凳

凳面约 54.5cm 见方　高 52cm

YD067

宝座

64cm×85cm×102cm

YD068

宝座

112cm×99cm×95cm

YD069

云龙宝座

113cm × 74cm × 122cm

YD070　雕花扶手椅

69.5cm × 49.5cm × 100cm

YD071

雕花扶手椅

60cm × 44cm × 95cm

YD072

雕花扶手椅

69.5cm × 49.5cm × 100cm

YD073

YD074

YD075

太帅座

63cm×48cm×90cm

YD076

YD077

雕龙太师椅

68cm×44cm×95cm

YD078

YD079

圆石雕灵芝座

58cm×50cm×110cm

座高：52cm

YD080

紫瑞木韵 rosewood

73

YD081

太师椅

63cm×48cm×99cm

YD082

宝座

64cm×68cm×120cm

YD083

有束腰带托泥宝座

98cm×78cm×109cm

YD084

雕灵芝之座

58cm×50cm×113cm

YD085

玫瑰椅

58cm×45cm×69cm

YD086

宝座

64cm×68cm×120cm

YD087

太师椅

72cm×54cm×115cm

YD088

圆后背交椅

70cm×45.7cm×112cm

YD089

法式提花餐椅

48cm×40cm×96cm

YD090

透雕靠背玫瑰椅

61cm×46cm×87cm

YD091

圆后背交椅

63cm × 48cm × 99cm

YD092

YD093

摇椅

115cm × 49cm × 99cm

YD094

提花三角椅几

椅：43cm × 43cm × 85cm

几：直径 50.8cm 高 60cm

YD095

交椅式躺椅

71.2cm × 91cm × 101.3cm

YD096

雕花靠背椅

62.5cm × 42cm × 99.5cm

YD097

有束腰鼓腿彭牙大方凳

凳面 64cm 见方 高 55cm

YD098

有束腰三弯腿罗锅枨加矮老方凳

凳面约 48cm 见方 高 54cm

YD099

有束腰十字枨长方凳

52.5cm×46.3cm×48.5cm

YD100

有束腰鼓腿彭牙大方凳

凳面 57cm 见方 高 52cm

YD101

有束腰三弯腿罗锅枨加矮老方凳

凳面约48cm见方　高54cm

YD102

有束腰三弯腿霸王枨长方凳

55cm×42cm×52cm

YD103

有束腰十字枨长方凳

52.5cm×46.3cm×48.5cm

YD104

有束腰十字枨长方凳

52.5cm×46.3cm×48.5cm

YD105

YD106

YD107

YD108

五开光坐墩

墩面径 46cm　高 38cm

YD109

四开光坐墩

墩面径 47cm　高 38cm

YD110

直棂坐墩

墩面径 41cm　高 47cm

YD111

八足圆凳

凳面径 38cm　腹径 45cm　高 38cm

YD112

有束腰瓷面圆凳

凳面径 41cm　高 49cm

YD113

五足内卷鼓凳

凳面径 37cm　高 50cm

YD114

YD115

YD116

五脚鼓凳

凳面径 44cm　高 45cm

YD117

YD118

雕洋花鼓墩

墩面径 28cm　高 50cm

YD119

YD120

紫瑞木韵
rosewood

桌案类

ZA001

中式圆台

直径 96cm × 76cm

ZA002

清式餐台

餐台：176cm × 90cm × 80cm
椅：57cm × 57cm × 102cm

ZA003

方台桌

100cm × 100cm × 80cm

ZA004

鼓腿膨牙圆台

130cm × 80cm

ZA005

ZA006

清式餐台

176cm × 90cm × 80cm

ZA007

法式餐台

154cm × 102cm × 79cm

ZA008

诸葛餐桌

150cm × 100cm × 88cm

ZA009

兴隆款餐台

145cm × 86cm × 79cm

ZA010

法式 320 款圆台

122cm × 79cm

ZA011

兴隆款餐台

145cm×86cm×79cm

ZA012

ZA013

ZA014

明式餐台

145cm×86cm×79cm

ZA015

圆台配鸭蛋凳

41cm×33.5cm×49cm

ZA016

草龙纹半圆桌

124.5cm×87.5cm

ZA017

草龙纹圆桌

124.5cm×87.5cm

ZA018

大圆桌

133cm×92.5cm

ZA019

ZA020

圆桌

124.5cm × 87.5cm

ZA021

明式餐桌

146cm × 86cm × 78cm

ZA022

大圆桌

133cm×92.5cm

ZA023

明式餐桌

176cm×86cm×78cm

ZA024

雕花纹圆台配古凳

圆台：85cm×80cm

凳：28.5cm×51cm

ZA025

ZA026

雕花纹圆台配古凳

圆台：85cm×80cm
凳：28.5cm×51cm

ZA027

大圆桌

146cm×86cm×78cm

ZA028

ZA029

鼓腿膨牙圆台

130cm×88cm

ZA030

休闲餐台

152cm × 104cm × 79cm

ZA031

兴隆款餐台

145cm × 86cm × 79cm

ZA032

拉通面圆台

152cm×79cm

ZA033

法式 320 款圆台

122cm×79cm

ZA034

明式方桌配官帽椅

100cm × 100cm × 80cm

ZA035

明式餐台

146cm × 86cm × 78cm

ZA036

清式餐台

餐台：176cm×90cm×80cm
餐椅：57cm×57cm×102cm

ZA037

明式玻璃旦台

150cm×100cm×78cm

ZA038

镶贝梅花餐桌椅

直径：110cm×80cm

ZA039

镶黑檀博士款餐桌椅

150cm×100cm×86cm

ZA040

玫瑰休闲餐台

107cm×86cm×76cm

ZA041

ZA042

南宫圆台椅

台：直径 137cm×76cm
椅：43cm×43cm×100cm

ZA043

ZA044

束腰方桌

87cm×87cm×88cm

ZA045

方桌

89cm×89cm×85.5cm

ZA046

一腿三牙罗锅枨小方桌

82cm × 82cm × 81cm

ZA047

四屉书桌

121cm × 64cm × 84cm

ZA048

中式书桌

145cm×86cm×79cm

ZA049

ZA050

无束腰方桌

100cm × 100cm × 99cm

ZA051

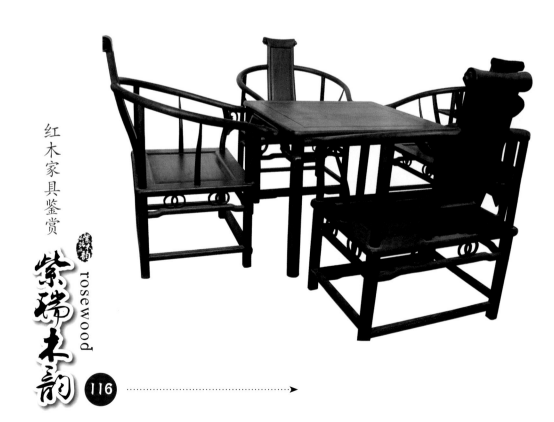

ZA052

梅花桌

ZA053

明式官帽椅餐桌

ZA054

法式圆餐桌

122cm × 101cm × 78cm

ZA055

大清式餐桌

176cm × 89cm × 79cm

紫瑞木韵 rosewood

119

ZA056

明式方桌

104cm × 104cm × 88cm

ZA057

134cm × 76cm × 71cm

ZA058

明式办公桌

180cm×85cm×82cm

ZA059

ZA060

清明上河图餐桌

215cm×79cm

ZA061

红豆杉八仙桌

ZA062

八仙大圆桌

153cm × 77cm

ZA063

围棋桌

78cm × 78cm × 56cm

ZA064

ZA065

ZA066

有束腰炕几

92cm × 47cm × 31cm

ZA067

雕龙纹有束腰炕桌

94.8cm × 62.9cm × 29cm

ZA068

有束腰鼓腿膨牙炕桌

84cm×52cm×29cm

ZA069

鼓腿彭牙方桌

57cm×57cm×30cm

ZA070

有束腰炕几

92cm × 47cm × 31cm

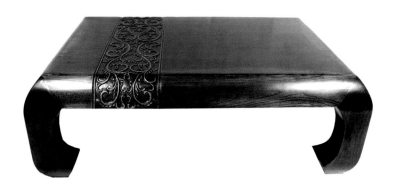

ZA071

鼓腿彭牙炕桌

90cm × 58cm × 29cm

ZA072

有束腰鼓腿膨牙炕桌

84.5cm × 49.7cm × 32cm

127

ZA073

有束腰炕桌

80cm×46cm×29cm

ZA074

雕龙炕桌

80cm×33cm×35cm

ZA075

有束腰三弯腿炕桌

88cm × 46cm × 30cm

ZA076

有束腰炕桌

67.5cm × 30.1cm × 15.5cm

ZA077

方桌

83cm × 83cm × 84cm

ZA078

无束腰鼓腿彭牙炕桌

84cm×52cm×29cm

ZA079

折叠式炕桌

75.9cm×51.5cm×22.8cm

ZA080

ZA081

有束腰矮桌展腿式方桌

93.5cm×93.5cm×86.5cm

ZA082

有束腰三弯腿小几

39cm×21cm×8cm

ZA083

齐牙条炕桌

97.5cm×66cm×29.5cm

ZA084

ZA085

龟背纹画案

211cm×106cm×86cm

ZA086

一腿三牙方桌

105cm×105cm×88cm

ZA087

ZA0088
有束腰喷面大方桌

ZA089
一腿三牙罗锅枨加卡子花方桌
89cm × 89cm × 85.5cm

ZA090
卷书式神台

113cm×42cm

ZA091
小条桌

ZA092

翘头神台

132cm×87cm×52cm

ZA093

小条桌

113cm×40cm×83cm

ZA094

卷书式小条案

115.57cm×41.5cm×82cm

ZA095

圆桌

110cm×96cm

ZA096

翘头案

179cm × 43cm × 88cm

ZA097

翘头案

298cm × 42cm × 91cm

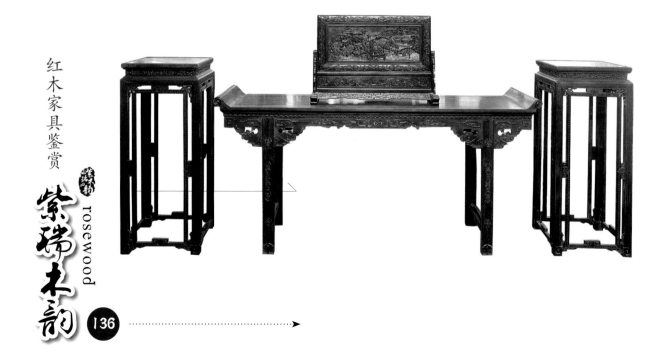

ZA098

平头长案

230cm × 52.5cm × 92cm

ZA099

隔画小案

98cm × 21.8cm × 79cm

ZA100

画案

196cm × 70cm × 79cm

ZA101

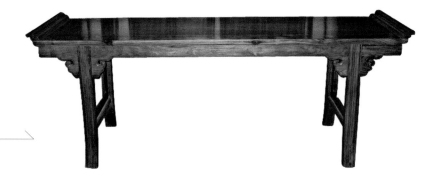

ZA102

ZA103

翘头大案

180cm × 55cm × 130cm

ZA104

ZA105

六角桌

114cm × 84cm

ZA106

翘头案

104cm×40cm×89cm

ZA107

翘头大案

180cm×55cm×125cm

ZA108

翘头二屈桌

157cm×69cm×82cm

ZA109
插肩榫翘头案
140cm×28cm×87cm

ZA110
卷头神台
122cm×36cm×91cm

ZA111
四屈桌
176cm×51.5cm×87cm

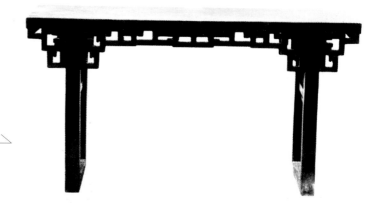

ZA112

攒牙子着地管脚枨平头案

158cm×47.4cm×84.5cm

ZA113

撇腿翘头案

100cm×45cm×55cm

ZA114

画案

196cm×70cm×79cm

ZA115
翘头案
105cm × 33cm × 80cm

ZA116
夹头翘头案
126cm × 39.7cm × 86.2cm

ZA117

ZA118

隔画小案

98cm × 21.8cm × 79cm

ZA119

翘头案

179cm × 43cm × 88cm

ZA120
明式梳妆台
122cm×40cm×190cm

ZA121
夹头榫大平案
350cm×62.7cm×93cm

ZA122

六角半桌

88cm×38cm×86cm

ZA123

马蹄腿条案

138cm×25cm×87cm

ZA124

翘头神台

116cm×38cm×87cm

ZA125

线艺平头案

155cm×42cm×81cm

ZA126

满雕龙大画台

220cm×108cm×83cm

ZA127

分开式供桌

ZA128

小棋桌

69cm×69cm×60cm

ZA129

ZA130

缅甸鸡翅木中堂

ZA131

四面平式浮雕书桌

173.5cm × 86.5cm × 81.3cm

ZA132

夹头榫书案

138cm × 75.5cm × 85cm

ZA133

ZA134

ZA135

有束腰几形书桌

171cm×74.4cm×84cm

ZA136

夹头榫书案

151cm×69cm×82.5cm

ZA137

龙纹办公桌

160cm×87cm×76cm

ZA138

鸡翅木办公桌

177cm×87cm×81cm

ZA139

清式书桌

121cm×65cm×83cm

ZA140

书桌

138cm×68cm×82cm

ZA0141

书桌

200cm × 98cm × 85cm

ZA142

八屈书桌

200cm × 98cm × 85cm

ZA143

书桌

175cm × 80cm × 83cm

ZA144

三拿式书桌

156cm × 76cm × 87cm

ZA145

明式书桌

177cm×87cm×81cm

ZA146

六屈书桌

138cm×68cm×82cm

ZA147

三拿式书桌

156cm×76cm×87cm

ZA149

雕花书桌

175cm×80cm×83cm

ZA150

镂空书桌

200cm×98cm×85cm

ZA151

三拿式书桌

156cm×76cm×87cm

ZA152

明式书桌

177cm×87cm×81cm

ZA0153

三拿式书桌

156cm×76cm×87cm

ZA154

镂空书桌

200cm×98cm×85cm

ZA155

ZA156

书桌

200cm×98cm×85cm

ZA157

明式书房

书台：177cm×87cm×81cm

ZA158

镂空书桌

200cm×98cm×85cm

ZA159

镂空书桌

200cm × 98cm × 85cm

ZA160

雕花书桌

260cm × 130cm × 83cm

ZA161

明式桌

177cm×87cm×81cm

ZA162

镂空书桌

200cm×98cm×85cm

ZA163

九斗大班台

152cm × 76cm × 79cm

ZA164

ZA165

ZA166

双面屈书桌

200cm×98cm×85cm

ZA167

ZA0168

中式书桌

156cm × 76cm × 87cm

紫瑞木韵 rosewood

ZA169

五斗写字台椅

台：128cm×66cm×76cm
椅：54cm×48cm×94cm

ZA170

三斗写字台椅

台：128cm×66cm×76cm
椅：54cm×48cm×94cm

ZA171

ZA172

紫瑞木韵
rosewood

床榻类

CT001

雕山水床

210cm×200cm

CT002

雕花床

210cm×150cm

CT003

雕山水床

210cm×200cm

CT004

CT005

明式床

198cm × 158cm

CT006

浮雕大床

200cm × 180cm

CT007

群仙贺寿大床

200cm × 180cm

CT008

CT009

雕山水床

210cm×200cm

CT010

明式床

210cm×200cm

CT011
雕山水床
210cm×200cm

CT012
五福大床
200cm×180cm

CT013
雕花床
210cm × 150cm

CT014
园杆梳化床
210cm × 180cm

CT015

玫瑰大床

200cm×180cm

CT016

明式床

198cm×158cm

CT017

玫瑰大床

210cm × 180cm

红木家具鉴赏

紫瑞木韵 ROSEWOOD

CT019

威尼斯大床

200cm×180cm

CT020

明格款床

200cm×150cm

明格款衣柜

213cm×61cm×213cm

CT021

雕花床

210cm × 150cm

CT022

富贵床

210cm × 200cm

CT023

如意床

200cm×180cm

CT024

富豪床

200cm×180cm

CT025

美款洋花床

200cm×180cm

CT026

经典床

210cm×180cm

经典衣柜

213cm×60cm×213cm

经典梳妆台

127cm×56cm×86cm

CT027

CT028

雕山水床

210cm×180cm

CT029

富贵大床

200cm×200cm

CT030

CT031

雕山水床

210cm×20cm

CT032

群仙贺寿床

CT033

不带把手的山水床

CT034

山水床

CT035

百子床

CT036

十二柱雕龙大床

218cm × 160cm × 260cm

CT037

CT038

CT039

月洞式门罩架子床

247.5cm × 187.8cm × 227cm

床面高 50cm

CT040

月洞式门罩架子床

247.5cm × 187.8cm × 227cm

床面高 50cm

CT041

月洞式门罩架子床

247.5cm × 187.8cm × 227cm

床面高 50cm

CT042

门围子架子床

226.1cm × 156cm × 225cm

CT043

门围子架子床

226cm × 150cm × 225cm

CT044

门围子架子床

218.5cm × 147.5cm × 231cm

CT045

CT046

CT047

月洞式门罩架子床

CT048

曲尺围子罗汉床

224.2cm × 128.3cm × 82.6cm

CT049

罗汉床

200cm × 105cm × 130cm

CT050

嵌螺丝理石罗汉床

226cm×150cm×225cm

CT051

罗汉床

193cm×128cm×114cm

CT052
罗汉床
193cm × 128cm × 114cm

CT053
罗汉床
199cm × 100cm × 74cm

CT054

罗汉床

221cm × 139cm × 130cm

CT055

CT056

CT057

罗汉床

205cm × 100cm × 78.8cm

CT058

罗汉床

193cm × 128cm × 114cm

CT059

CT060

清明上河图罗汉床

209cm × 125cm × 90cm

CT061

大理石围子罗汉床

213cm × 112cm × 91.4cm

CT062

罗汉床

193cm × 128cm × 114cm

CT063

镶大理石罗汉床

193cm × 123cm × 126cm

CT064

三屏风罗汉床

210cm × 80cm × 60cm

CT065

CT066

罗汉床

床：197cm×70cm×104.5cm
脚踏：55cm×40cm×16cm
炕几：675cm×39.6cm×21.8cm

CT067

如意山水罗汉床

200cm×90cm×100cm

CT068

罗汉床

199cm × 105cm × 78cm

CT069

罗汉床

193cm × 123cm × 126cm

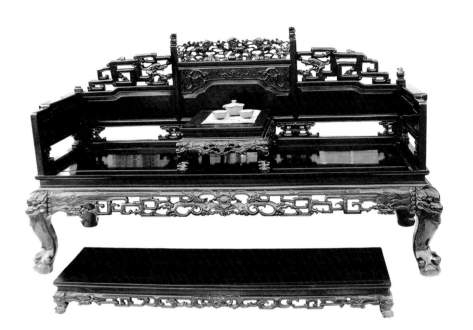

CT070

三狮可乐床

200cm×66cm×115cm

CT071

独板围子罗汉床

191.7cm×99.9cm×79cm

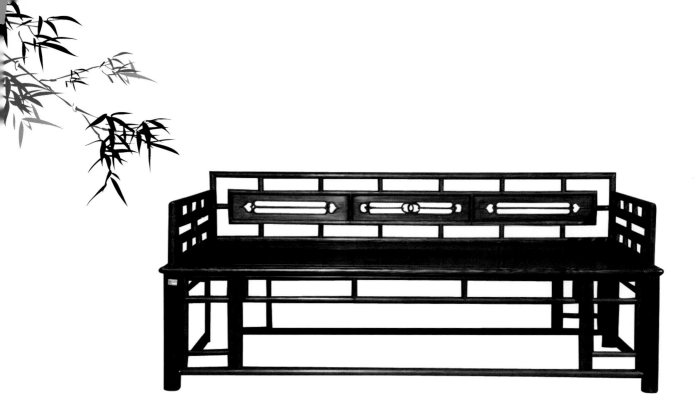

CT072

厚围子罗汉床

210cm × 106cm × 79cm

CT073

尺式围子罗汉床

224.2cm × 128.3cm × 82.6cm

CT074

CT075

CT076
雕龙罗汉床
193cm × 128cm × 114cm

CT077
罗汉床
210cm × 116cm × 84cm

CT078

CT079

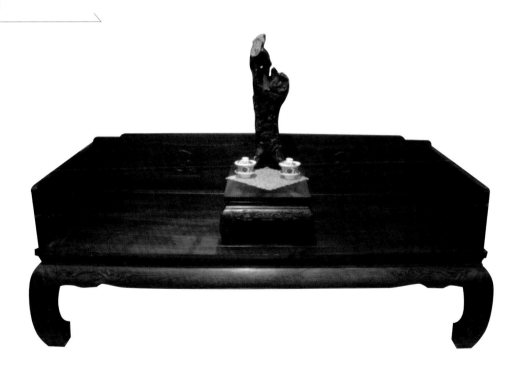

CT080

CT081

罗汉床

220cm × 116cm × 84cm

CT082

草龙罗汉床

CT083

山水罗汉床

CT084

曲尺式罗汉床

CT085

美人榻

CT086

美人榻

181cm×78cm×76cm

CT087

贵妃床

220cm×72cm×102cm

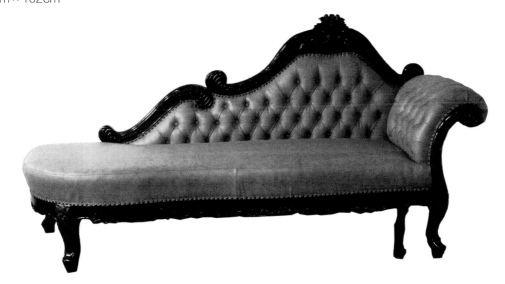

CT088

硬拐纹美人榻

194.5cm×76cm×93.6cm

CT089

井字棂格脚踏

71cm×35.6cm×17.5cm

CT090
美人榻
181cm×78cm×76cm

CT091
美人榻
181cm×78cm×76cm

CT092

滚踏

59cm × 32cm × 16cm

CT093

单枕香妃榻

168cm × 72cm × 68cm

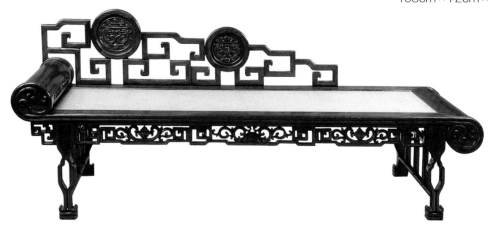

紫瑞木韵
rosewood

柜架类

GJ001

四面空博古架

114cm × 40.5cm × 220cm

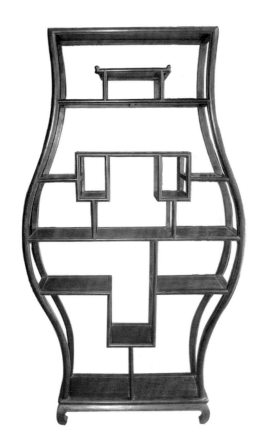

GJ002

多格宝

高：85cm

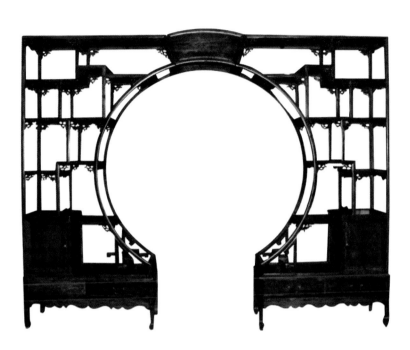

GJ003
多格宝
高：85cm

GJ004
四面空博古架
114cm × 40.5cm × 220cm

GJ005

多宝阁

240cm×200cm

GJ006

GJ007

GJ008

多宝阁

100cm×40cm×220cm

红木家具鉴赏

紫瑞木韵 rosewood

222

GJ009

GJ010

GJ011

GJ012
多宝阁
100cm×40cm×220cm

GJ013
书柜式多宝阁
87.5cm×41cm×188cm

GJ014
多宝阁
114cm×44.5cm×220cm

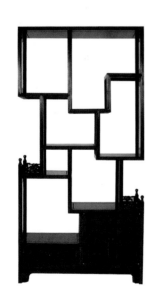

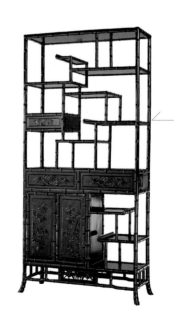

GJ015

侧开门博古柜

78cm×28cm×176cm

GJ016

雕花多宝阁

206cm×40cm×214cm

GJ017

多宝阁

150cm × 40cm × 200cm

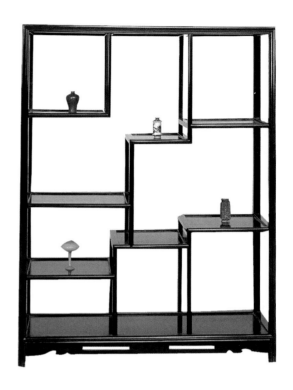

GJ018

多宝阁

260cm × 40cm × 220cm

GJ019

GJ020

梅花纹多宝阁

160cm×32cm×214cm

GJ021

多宝阁

100cm×40cm×200cm

GJ022

博古架

107cm×42cm×193cm

GJ023

清式仿古古董架

101cm×38cm×188cm

GJ024

精品柜

81cm×38cm×2004cm

GJ025

多宝阁

100cm × 20cm × 130cm

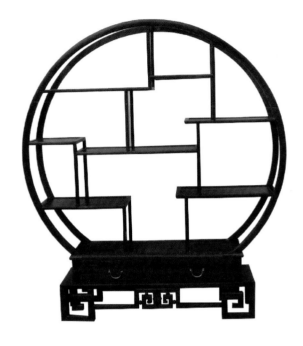

GJ026　多宝阁　110cm × 38cm × 220cm

GJ027　多宝阁　150cm × 40cm × 220cm

GJ028　多宝阁　100cm × 40cm × 220cm

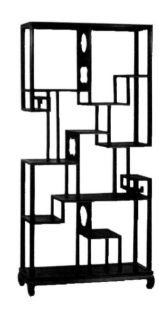

GJ029

GJ030

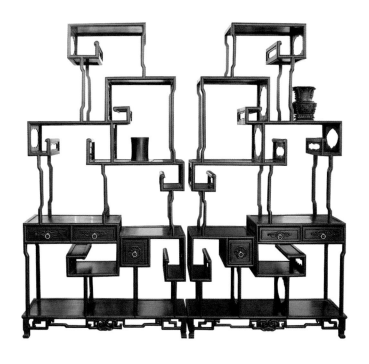

GJ031

GJ032
博古架
149cm × 51cm × 155cm

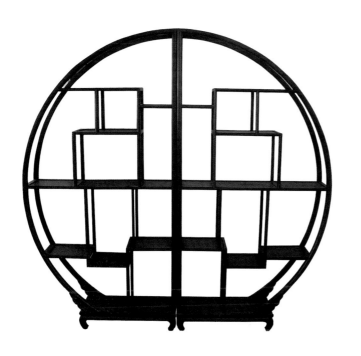

GJ033

GJ034

GJ035

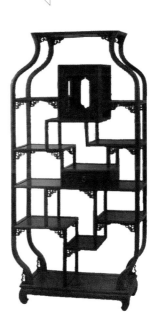

GJ036 多宝阁 100cm×40cm×220cm

GJ037

GJ038

雕花多宝阁

214cm × 40cm × 103cm

GJ039
雕花多宝阁

214cm × 40cm × 103cm

GJ040
雕花多宝阁

206cm × 40cm × 214cm

GJ041

GJ042

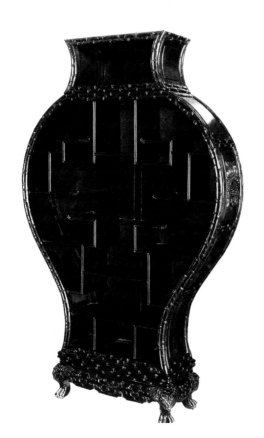

GJ043

GJ044

GJ045

GJ046

GJ047

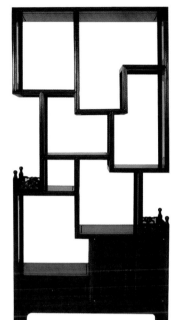

GJ048

GJ049

栏杆书架

98cm×46cm×177cm

GJ050

木栏架格

110.4cm×47.5cm×195.5cm

GJ051

栏杆书架

98cm×46cm×177cm

GJ052

八仙小柜

86cm×58cm

GJ053

书柜

160cm × 46cm × 188cm

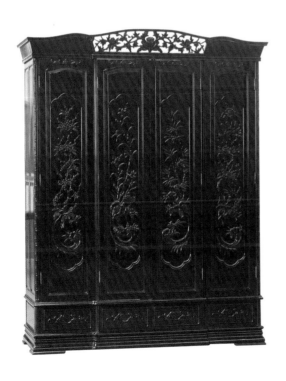

GJ054

GJ055

书柜

210cm × 49cm × 192cm

GJ056

GJ057

书架

186cm×41cm×193cm

GJ058

拐子纹多宝格

192cm×42cm×175cm

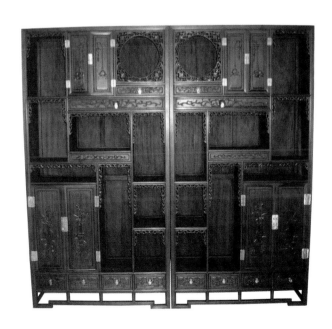

GJ059

GJ060

GJ061

书柜

210cm×49cm×192.5cm

GJ062

书柜

100cm×42cm×200cm

GJ063

书柜

265cm × 38cm × 208cm

GJ064

GJ065

书格

124cm × 39cm × 188cm

GJ066

几腿式架格

91cm × 40cm × 129cm

GJ067

栏杆书架

98cm × 46cm × 177cm

GJ068

GJ069

GJ070

攒牙条架格

246cm × 45.5cm × 182.5cm

GJ071

带栏杆的万历柜

126cm × 55.5cm × 172cm

GJ072

GJ073

GJ074

GJ075

书柜

18cm×39cm×188cm

GJ076

书柜

210cm × 25cm × 192.5cm

GJ077

书格

94cm × 39cm × 188cm

GJ078

盛世多宝阁

GJ079

半圆多宝阁

GJ080
两门两提多宝阁

GJ081
四面空博古架

GJ082
盛世多宝阁

GJ083
半圆多宝阁

紫瑞木业云南瑞丽电话：0692-4109622/4109699

GJ084

两门两提多宝阁

GJ085

四面空博古架

GJ086
两门两提多宝阁

GJ087
四面空博古架

GJ088
龙箱

100cm×69cm×68cm

GJ089

两门两提多宝阁

GJ090

龙纹官皮箱

40cm × 28.5cm × 35cm

GJ091

黄花梨小箱

42cm × 24cm × 18.7cm

GJ092

GJ093

GJ094

花鸟顶箱柜

112cm × 56cm × 226cm

GJ095

4门衣柜

214cm × 60cm × 208cm

GJ096

40cm×28cm

GJ097

GJ098

雕纹大柜

100cm×47cm×194cm

GJ099

透格门圆角柜

105cm×46cm×180cm

GJ100
雕纹大柜
100cm × 47cm × 194cm

GJ101
圆角柜
220cm × 54cm × 180cm

GJ102

雕纹大柜

100cm × 47cm × 194cm

GJ103

透格门圆角柜

105cm × 46cm × 180cm

GJ104

圆角柜

105cm×46cm×180cm

GJ105

GJ106
上格层双层亮格柜
119cm×50cm×117cm

GJ107
五抹门圆角柜
100cm×60cm×200cm

GJ108
上格券口带杆亮格柜
97.5cm×49cm×184cm

267

GJ109
大方脚柜
123.5cm × 78.5cm × 192cm

GJ110
万历柜
113cm × 55.5cm × 21cm

GJ111
大四件柜
133.4cm × 62.5cm × 259.3cm

GJ112
方角柜
82.5cm×47cm×60cm

GJ113
透格门圆角柜
76.5cm×45.5cm×145.6cm

GJ114
圆角柜
94cm×49cm×167cm

红木家具鉴赏

紫瑞木韵

rosewood

GJ115
圆角柜
105cm×46cm×180cm

GJ116

GJ117

圆角柜

105cm × 46cm × 180cm

GJ118

GJ119

GJ120

圆角柜

82.5cm×47cm×60cm

GJ121

圆角柜

105cm × 46cm × 180cm

GJ122

GJ123

GJ124

圆角柜

105cm × 46cm × 180cm

GJ125

圆角柜

105cm×46cm×180cm

GJ126

GJ127

GJ128

圆角柜

105cm×46cm×180cm

GJ129

GJ130
东方风情电视柜
320cm×60cm×180cm

GJ131
大器电视柜
213cm×61cm×61cm

紫瑞木韵 rosewood

GJ132

老爷柜

109cm×55cm×90cm

GJ133

GJ134

电视柜

373cm×60cm×211cm

GJ135

翘头联三柜

175cm × 44cm × 85cm

GJ136

GJ137

GJ138

三屉炕案

96.25cm × 105.41cm × 29.21cm

GJ139

铁力橱

98cm × 47cm × 85cm

GJ140

龙纹联二橱

160cm × 52cm × 90cm

GJ141

联三柜

175cm × 44cm × 85cm

GJ142

螭纹联二橱

160cm × 52cm × 90cm

GJ143

三橱

193cm × 53.5cm × 81.2cm

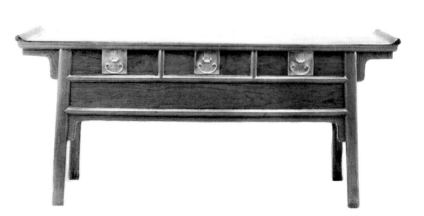

GJ144

二抽二门元宝柜

107cm×45cm×81cm

GJ145

元宝款六斗柜

127cm×44cm×198cm

GJ146

法式餐边柜

127cm×56cm×80cm

GJ147

撇腿翘头炕案

130cm × 32.5cm × 32.5cm

GJ148

GJ149

联三橱

120cm × 50cm × 70cm

红木家具鉴赏

紫瑞木韵

rosewood

282

GJ150

几案

330cm×35.5cm×83.5cm

GJ151

中式电视柜

180cm×60cm×66cm

GJ152

GJ153

翘头三联柜

175cm × 44cm × 85cm

GJ154

翘头雕花三联柜

175cm × 44cm × 85cm

GJ155

描金条茶棚

120cm×32cm×120cm

GJ156

GJ157

圆柱电视柜

127cm×61cm×70cm

GJ158

法式四脚二门四斗电视柜

214cm×60cm×60cm

GJ159

GJ160

中式青花电视柜

180cm×60cm×66cm

GJ161

法式双圆头组合电视柜

320cm×61cm×212cm

GJ162

大器电视柜

213cm×61cm×61cm

GJ163

GJ164

花几

26.5cm × 26.5cm × 92cm

GJ165

GJ166

凤纹衣架

176cm × 47.5cm × 168.5cm

GJ167

雕花衣架

121cm × 150cm

GJ168

鞋柜式衣架

162cm × 46cm × 183cm

GJ169

衣架

163cm × 46cm × 183cm

GJ170

GJ171

GJ172

GJ173

GJ174

凤纹衣架

135cm × 104cm

GJ175

巾架

62cm×42cm×189cm

GJ176

升降式灯室

163cm×46cm×183cm

GJ177

固定式灯室

50.5cm×50.5cm×155cm

GJ178

三足灯室

162cm×33cm

GJ179

三足灯室

163cm×46cm

GJ180

GJ181
香几
45cm × 45cm × 95.5cm

GJ182
方形花台
60cm × 50cm × 89cm

GJ183
花几
高 91.5cm

GJ184
香几
37.2cm × 37.2cm × 103cm

GJ185

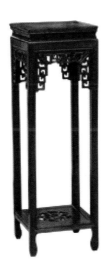

GJ186
方形花台
60cm×50cm×89cm

GJ187
花几
高91.5cm

GJ188
香几
45cm×45cm×95.5cm

GJ189
香几
37.2cm×37.2cm×103cm

GJ190

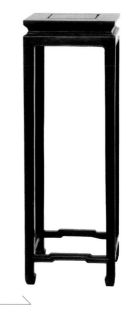

GJ191
花几
39cm×39cm×95cm

GJ192

GJ193

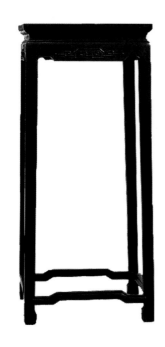

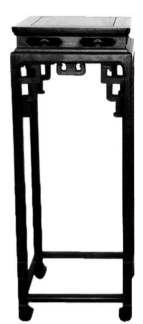

GJ194

香几

高 105cm

GJ195

禹门洞圆花几

几高 135cm 直径 136cm

GJ196

回纹香几

37cm×37cm×90cm

GJ197

四足八方香几

几面径 50.5cm　宽 37.2cm　高 103cm

GJ198

香几

高 88cm

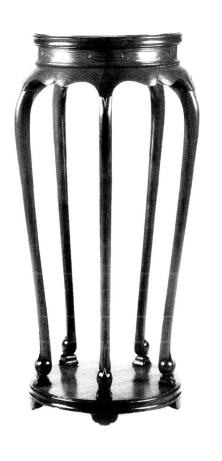

GJ199

五足带室座香几

几面径 41cm　高 97cm

GJ200

束腰六足香几

几面径 50.5cm　高 73cm

GJ201

三足香几

几面径 43.3cm　高 89.3cm

GJ202

束腰五足香几

几面径 61cm　肩径 67cm　高 89cm

紫瑞木韵
rosewood

沙发类

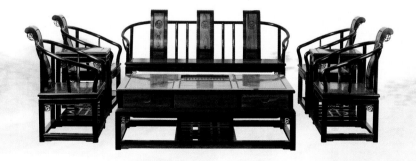

SF001

磐龙战国沙发

70cm×65cm×108cm

SF002

金龙沙发

沙发长：180cm×70cm×108cm

SF003

四季花沙发

沙发长：188cm×75cm×107cm

SF004

大圆角沙发

沙发长：70cm×65cm×108cm

单人沙发长：68cm×62cm×100cm

SF005

雕灵芝沙发

70cm × 50cm × 112cm

SF006

草龙梳化

沙发长：175cm × 58cm × 82cm
单人沙发长：67cm × 68cm × 82cm

SF007

明式沙发

183cm × 75cm × 110cm

SF008

明式梳子梳化

沙发长：190cm × 58.5cm × 96.5cm
单人沙发长：63.5cm × 58.5cm × 88.5cm

SF009

明式三接式梳化

沙发长：183cm×58cm×102cm
单人沙发长：66cm×58cm×102cm

SF010

清式沙发

沙发长：183cm×68cm×68cm
单人沙发长：75cm×66cm×66cm

SF011

清式沙发

沙发长：183cm×68cm×68cm
单人沙发长：75cm×66cm×66cm

SF012

斗勾套装沙发

沙发长：183cm×59.4cm×81cm
单人沙发长：66cm×59.4cm×81cm

SF013

清式金龙长沙发

180cm×70cm×108cm

SF014

雕山水大型沙发

沙发长：222cm×80cm×113cm
单人沙发长：104cm×71cm×113cm

SF015

弯面梳化

沙发长：189cm×58cm×109cm
单人沙发长：68.5cm×58cm×109cm

SF016

SF017

SF018
匠曲梳化

沙发长：183cm×59.4cm×81cm
单人沙发长：66cm×59.4cm×81cm

SF019

新款富贵沙发

70cm×65cm×108cm

SF020

明式大圆角

沙发长：190cm×62cm×100cm
单人沙发长：68cm×62cm×100cm

SF021

如意云纹双人沙发

180cm × 70cm × 108cm

SF022

红木家具鉴赏

紫瑞木韵 rosewood

SF023

SF024

SF025

标志沙发

70cm×60cm×110cm

SF026

束腰沙发

70cm×65cm×108cm

SF027

明式梳子牛角梳化

沙发长：175cm×58.4cm×84cm
单人沙发长：68.5cm×58.4cm×84cm

SF028

大沙发

SF029

清式沙发

SF030

皇宫椅沙发

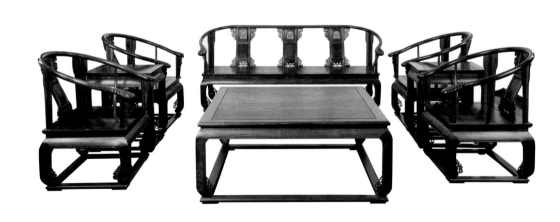

SF031

中式沙发

SF032

大沙发

SF033

乌木沙发

SF034

吉祥如意大沙发

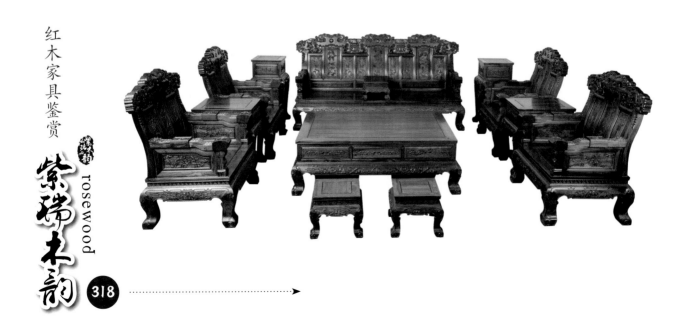

SF035

大沙沙发

SF036

草龙大沙发

SF037

清式大沙发

SF038

牛角梳沙发

SF039

皇宫椅沙发

沙发长：205cm×58cm×92cm
单人沙发：75cm×56cm×92cm
咖啡台：125cm×80cm×48cm

SF040

卷书战国梳化

沙发长：190.5cm×58cm×109cm
单人沙发长：68.5cm×58cm×109cm

SF041

四季花沙发

180cm × 75cm × 107cm

SF042

明式梳子牛角梳化

沙发长：175cm × 58.4cm × 84cm
单人沙发：68.5cm × 58.4cm × 84cm

SF043

嵌贝卷书战国梳化

沙发长：190.5cm×58cm×109cm
单人沙发：68.5cm×58cm×109cm
咖啡台：127cm×68.5cm×46.7cm

SF044

SF045

SF046

SF047

皇宫椅沙发

沙发长：205cm×58cm×92cm
单人沙发长：75cm×56cm×72cm

SF048

SF049

皇宫椅沙发

沙发长：205cm×58cm×92cm

单人沙发长：75cm×56cm×72cm

SF051

SF052

SF053

SF054

雕山水大型沙发

沙发长：222cm×80cm×113cm

单人沙发长：104cm×71cm×113cm

紫瑞木韵
rosewood

其他类

QT001

雕龙纹五扇屏风

300cm×250cm

QT002

屏风

206cm×188.6cm

QT003

梳妆台

90cm × 60cm × 90cm

QT004

雕龙插屏

82cm × 42cm × 108cm

QT005

QT006
插屏
高 118cm

QT007
梳妆台
120cm×60cm×170cm

QT008
雕龙插屏
82cm×42cm×108cm

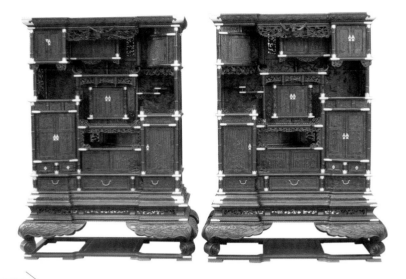

QT009

QT010

QT011

QT012

插屏

71cm×24cm×94cm

QT013

插屏

220cm × 70cm × 250cm

QT014

插屏

146cm × 2250cm

QT015

镶大理石插屏

182cm × 105cm × 213cm

QT016

插屏

112cm × 60cm × 195cm

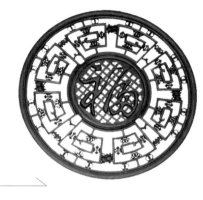
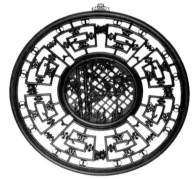

QT017

圆形花格

直径：50cm

QT018

棋盘

QT019

座屏

60cm×16cm×46cm

QT020
长方形花格
70cm×45cm

QT021
方形花格
50cm×50cm

QT022
方形花格

QT023

梳妆台

122cm × 40cm × 140cm

QT024

宝座式镜台

QT025

折叠式镜台

60cm × 16cm × 46cm

QT026
插屏
60cm×193cm

QT027
折叠式镜台
49cm×49cm

QT028
三屏风式镜台
63.3cm×37.2cm×91.2cm

QT029

紫檀石景大世界

196cm×96cm×234cm

QT030

法式有脚梳妆台

96cm×38cm×180cm

QT031

松石人物笔筒

筒直径：13.5cm，高：11cm

343

QT032

方形笔筒

筒宽：18cm，高：20.6cm

QT033

雕梅竹笔筒

筒直径：20cm，高：26cm

QT034

紫檀笔筒

筒直径：20cm，高：20.5cm

QT035

插屏

60cm×193cm

QT036

折叠式镜台

49cm×49cm

QT037

雄鸡争霸

直径：50cm，高：120cm

QT038

雕弥勒佛

筒直径：50cm，高：120cm

QT039

雕弥勒佛

直径：50cm，高：160cm

QT040

雕弥勒佛

直径：70cm，高：50cm

QT041

祈年殿

直径：82cm，通高：77cm

QT042

故宫角楼

82cm×82cm×89cm

QT043

香盘

35cm × 26cm × 8cm

QT044

围棋子盒

盒直径：12cm，高：9.3cm

QT045

围棋子盒

盒直径：14.5cm，高：10.6cm

图书在版编目（CIP）数据

紫瑞木韵：红木家具鉴赏 / 邹志勇著 . -- 北京：
中国书籍出版社 , 2016.4
ISBN 978-7-5068-5482-5

Ⅰ . ①紫… Ⅱ . ①邹… Ⅲ . ①红木科 – 木家具 – 鉴赏
– 中国 Ⅳ . ① TS666.2

中国版本图书馆 CIP 数据核字（2016）第 059638 号

紫瑞木韵——红木家具鉴赏

邹志勇 著

责任编辑	崔立敬
责任印制	孙马飞　马　芝
封面设计	管佩霖
出版发行	中国书籍出版社
地　　址	北京市丰台区三路居路 97 号（邮编：100073）
电　　话	（010）52257143（总编室）　　　（010）52257153（发行部）
电子邮箱	eo@chinabp.com.cn
经　　销	全国新华书店
印　　刷	青岛新华印刷有限公司
开　　本	889 毫米 ×1194 毫米　1/16
字　　数	148 千字
印　　张	22.75
版　　次	2016 年 4 月第 1 版　2016 年 4 月第 1 次印刷
书　　号	ISBN 978-7-5068-5482-5
定　　价	188.00 元